TMS320F2812 原理

TMS320F2812 YUANLI

主 编 张 妤

副主编 杨 松

东北林业大学出版社

图书在版编目（CIP）数据

TMS320F2812 原理 / 张妤主编． -- 2 版． -- 哈尔滨：
东北林业大学出版社，2016.7（2024.8重印）

ISBN 978 - 7 - 5674 - 0829 - 6

Ⅰ．①T… Ⅱ．①张… Ⅲ．①数字信号处理-高等学
校-教材 Ⅳ．①TN911.72

中国版本图书馆 CIP 数据核字（2016）第 151396 号

责任编辑：任兴华

封面设计：刘长友

出版发行：东北林业大学出版社（哈尔滨市香坊区哈平六道街 6 号　邮编：150040）

印　　装：三河市佳星印装有限公司

开　　本：787mm×960mm　1/16

印　　张：17

字　　数：300 千字

版　　次：2016 年 8 月第 2 版

印　　次：2024 年 8 月第 3 次印刷

定　　价：68.00 元

前　　言

TMS320F2812 数字信号处理器是 TI 公司最新推出的 32 位定点 DSP 控制器芯片，是目前控制领域最先进的处理器之一。其频率高达 150MHz，大大提高了控制系统的控制精度和芯片处理能力。TMS320F2812 芯片是基于 C/C++高效 32 位 TMS320C28x DSP 内核，并提供浮点数学函数库，从而可以在定点处理器上方便地实现浮点运算；在高精度伺服控制、可变频电源、UPS 电源等领域广泛应用，同时是电机等数字化控制产品升级的最佳选择。

TMS320F2812 DSP 集成了 128KB 的闪存，可用于开发对现场软件进行升级时的简单再编程。优化过的事件管理器包括脉冲宽度调制（PWM）产生器、可编程通用计时器，以及捕捉译码器接口等；该器件还包括 12 位模数转换器（ADC），吞吐量每秒可达 16.7MB 的采样，其双采样装置可实现控制环路的同步采样。片上标准通信端口可为主机、测试设备、显示器及其他组件提供简便的通信端口。

书中详细介绍了 TMS320F2812 硬件结构、内部资源及其应用等内容。本书以 TMS320F2812 的功能模块原理和应用为主线，详细介绍了各个功能模块的基本原理；此外以 CCS2000 为平台，介绍了工程开发的详细步骤。

本书共 7 章：第 1 章介绍了 TMS320F2812 内核特点及外设组成；第 2 章介绍了 TMS320F2812 的电源供电策略；第 3 章介绍了 TMS320F2812 的时钟及中断的使用；第 4 章介绍了 TMS320F2812 的事件管理器模块的原理及使用；第 5 章介绍了 TMS320F2812 的 ADC 模块原理；第 6 章介绍了 TMS320F2812 的 SCI，SPI 通信接口的功能；第 7 章介绍了应用 CCS 软件建立一个 TMS320F2812 完整项目的方法；附录给出了结合 EXP-3 型 DSP 实验箱的实训练习。

第 1~5 章由张妤编写，第 6~7 章由杨松编写。

限于编者水平，书中难免存在错误和不当之处，恳请读者批评指正。

编　者
2016 年 6 月

目　　录

1 TMS320F2812 概述

  TMS320F2812 DSP（数字信号处理器）是 TI 公司最新推出的数字信号处理器，该系列处理器是基于 TMS320C2000 内核的定点数字信号处理器。器件上集成了多种先进的外设（图 1.1），为电机及其他运动控制领域应用的实现提供了良好的平台。同时代码和指令与 F24x 系列数字信号处理器完全兼容，从而保证了项目或产品设计的可延续性。与 F24x 系列数字信号处

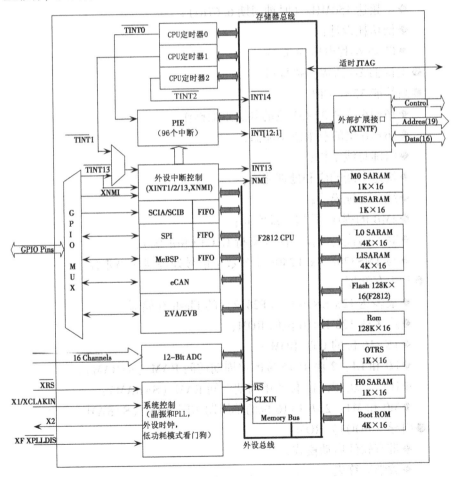

图 1.1 TMS320F2812 DSP 功能框图

理器相比，F2812 数字信号处理器提高了运算的精度（32 位）和系统的处理能力（达到 150 MIPS）。该系列数字信号处理器还集成了 128KB 的 Flash 存储器、4KB 的引导 ROM、数学运算表以及 2KB 的 OTP ROM，从而大大改善了应用的灵活性。128 位的密码保护机制有效地保护了产品的知识产权。两个事件管理器模块为电机及功率变换控制提供了良好的控制功能。16 通道高性能 12 位 ADC 单元提供了两个采样保持电路，可以实现双通道信号同步采样。

TMS320F2812 功能框图如图 1.1 所示，归纳起来，TMS320F2812 DSP 有以下特点。

- TMS320F2812 DSP 采用高性能的静态 CMOS 技术：
  - ◆ 主频达 150MHz（时钟周期 6.67ns）；
  - ◆ 低功耗设计；
  - ◆ Flash 编程电压为 3.3V。
- 支持 JTAG 边界扫描接口。
- 高性能 32 位 CPU：
  - ◆ 16×16 位和 32×32 位的乘法累加操作；
  - ◆ 16×16 位的双乘法累加器；
  - ◆ 哈佛总线结构；
  - ◆ 快速中断响应和处理能力；
  - ◆ 统一寻址模式；
  - ◆ 4MB 的程序/数据寻址空间；
  - ◆ 高效的代码转换功能（支持 C/C++和汇编）；
  - ◆ 与 TMS320F24x/F240x 系列数字信号处理器代码兼容。
- 片上存储器：
  - ◆ 最多达 128 K×16 位（F2812）的 Flash 存储器；
  - ◆ 最多达 128 K×16 位的 ROM；
  - ◆ 1K×16 位的 OTP ROM；
  - ◆ L0 和 L1：2 块 4×16 位的单周期访问 RAM（SARAM）；
  - ◆ H0：1 块 8K×16 位的单周期访问 RAM（SARAM）；
  - ◆ M0 和 M1：2 块 1×16 位的单周期访问 RAM（SARAM）。
- 引导（BOOT）ROM：
  - ◆ 带有软件启动模式；
  - ◆ 数学运算表。
- 外部存储器扩展接口（F2812）：

◆最多 1MB 的寻址空间；

◆可编程等待周期；

◆可编程读/写选择时序；

◆3 个独立的片选信号。

●时钟和系统控制：

◆支持动态改变锁相环的倍频系数；

◆片上振荡器；

◆看门狗定时模块。

●3 个外部中断。

●外设中断扩展模块（PIE）支持 45 个外设中断。

●3 个 32 位 CPU 定时器。

●128 位保护密码：

◆保护 Flash/OTP/ROM 和 L0/L1 SARAM 中的代码；

◆防止系统固件被盗取。

●电机控制外设，2 个与 F240xA 兼容的事件管理器模块，每一个管理器模块包括：

◆2 个 16 位的通用目的定时器；

◆8 通道 16 位的 PWM；

◆不对称、对称或 4 个空间矢量 PWM 波形发生器；

◆死区产生和配置单元；

◆外部可屏蔽功率或驱动保护中断；

◆3 个完全比较单元；

◆3 个捕捉单元，捕捉外部事件；

◆正交脉冲编码电路；

◆同步模数转换单元。

●串口通信外设：

◆串行外设接口（SPI）；

◆2 个 UART 接口模块（SCI）；

◆增强的 eCAN 2.0B 接口模块；

◆多通道缓冲串口（McBSP）。

●12 位模数转换模块：

◆2×8 通道复用输入接口；

◆2 个采样保持电路；

◆单/连续通道转换；

◆流水线最快转换周期为 60 ns，单通道最快转换周期为 200 ns；

◆可以使用 2 个事件管理器顺序触发 8 对模数转换。

●高达 56 个可配置通用目的 I/O 引脚。

●先进的仿真调试功能：

◆分析和断点功能；

◆硬件支持适时仿真功能。

●低功耗模式和省电模式：

◆支持 IDLE，STANDBY，HALT 模式；

◆禁止外设独立时钟。

●179 引脚 BGA 封装或 176 引脚 LQFP 封装（F2812）。

●−40～+85℃或−40～+125℃工作温度。

1.1　TMS320F2812 内核

1.1.1　TMS320F2812 内核特点

F2812 系列 DSP 是 TI 公司最新的 32 位定点数字信号处理器，是基于 TMS320C2000 数字信号处理器平台开发的，其代码与 24x/240x 数字信号处理器完全兼容。因此，240x 的用户能够轻松地移植到新的 F2812DSP 平台上。F2812DSP 同时具有数字信号处理器和微控制器的特点，尤其是 F2812 继承了数字信号处理的诸多优点。其中包括可调整的哈佛总线结构和循环寻址方式。精简指令系统（RISC）使得 CPU 能够单周期地执行寄存器到寄存器的操作，并且可调整的哈佛总线结构能够工作在冯·诺依曼模式。微控制器的特点主要包括字节的组合与拆分、位操作等。哈佛总线结构能够完成指令的并行处理，在单周期内通过流水线完成指令和数据的同时提取，从而提高了处理器的处理能力。

F2812 处理器采用 C/C++编写的软件，其效率非常高，因此用户不仅可以应用高级语言编写系统程序，也能够采用 C/C++开发高效的数学算法。F2812 数字信号处理器在完成数学算法和系统控制等任务时都具有相当高的性能，这样就避免了用户在一个系统中需要多个处理器的麻烦。F2812 处理器内核包含了一个 32×32 位的乘法累计（MAC）单元，能够完成 64 位的数据处理，从而使该处理器能够实现更高精度的处理任务。快速的中断响应能够使 F2812 保护关键的寄存器并快速（更小的中断延时）地响应外部异步事件。F2812 有 8 级带有流水线存储器访问流水线的保护机制，使 F2812 高速运行时不需要大容量的快速存储器。专门的分支跳转（Branch - look - a - head）硬件减少了条件指令执行的反应时间，条件存储操作更进一步提高了 F2812 的性能。

1.1.2 TMS320F2812 内核组成

F2812 内核主要包括中央处理单元（CPU）、测试单元和存储器及外设的接口单元三个部分，如图 1.2 所示；CPU 单元完成数据/程序存储器的访问地址的产生、译码和执行指令、算数、逻辑和移位操作、控制 CPU 寄存器以及数据/程序存储器之间的数据传输等操作。测试逻辑单元主要用来监测、控制 DSP 的各个部分及其运行状态，以方便调试。而接口信号单元完全是存储器、外设、时钟、CPU 以及调试单元之间的信号传输通道。

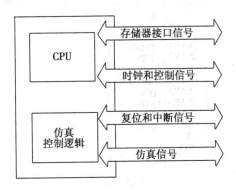

图 1.2　内核功能框图

CPU 单元主要包括以下几个部分，如图 1.3 所示。

算术逻辑单元（ALU）：32 位 ALU 完成 2 的补码的算术运算和布尔运算。通常情况下，中央处理单元对于用户是透明的。例如，完成一个算术运算，用户只需要写一个命令和相应的操作数据，读取相应的结果寄存器的数据就可以了。

乘法器：乘法器完成 32×32 位的 2 的补码的乘法运算，产生 64 位的乘法结果。乘法器能够完成两个符号数、两个无符号数或一个符号数和一个无符号数的乘法运算。

移位器：完成数据的左移或右移操作，最大可以移 16 位；在 F2812 的内核中，总计有 3 个移位寄存器：输入数据定标移位寄存器、输出数据定标移位寄存器和乘积定标移位寄存器。

寻址运算单元（ARAU）：主要完成数据存储器的寻址运算以及地址的产生。

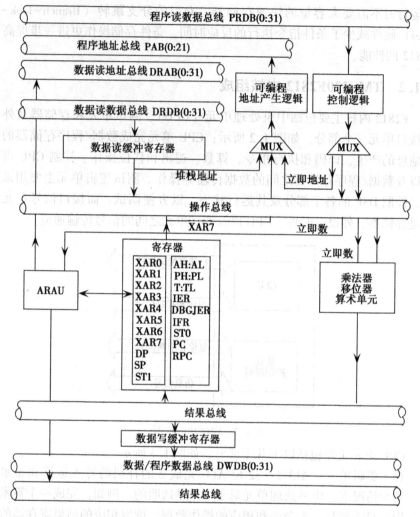

图 1.3　CPU 单元结构框图

独立的寄存器空间：CPU 内的寄存器包含独立的寄存器，并不映射到数据存储空间。寄存器主要包括系统控制寄存器、算术寄存器和数据指针。系统控制寄存器可以通过专用的指令访问，其他的寄存器可以采用专用的指令或特定的寻址模式（寄存器寻址模式）来访问。

带保护流水线：带保护的流水线能够防止同时对一个地址空间的数据进行读/写。

1.2 TMS320F2812 外设介绍

由于 F2812 数字信号处理器集成了很多内核可以访问和控制的外部设备，F2812 内核需要通过某种方式来读/写外设，因此处理器将所有的外设都映射到了数据存储器空间。每个外设被分配一段相应的地址空间，主要包括配置寄存器、输入寄存器、输出寄存器和状态寄存器。每个外设只要通过简单的访问存储器中的寄存器就可以使用该设备。

外设通过外设总线（PBUS）连接到 CPU 的内部存储器接口上，如图 1.4 所示。所有的外设包括看门狗和 CPU 时钟在内，在使用之前必须配置相应的控制寄存器。

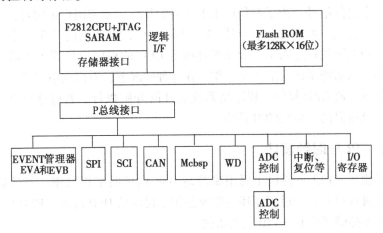

图 1.4 TMS320F2812 的功能框图

1.2.1 事件管理器

在 F2812 数字信号处理器上有两个事件管理器：EVA 和 EVB，是数字电机控制应用使用的非常重要的外设，能够实现机电设备控制的多种必要的功能。每个事件管理器模块包括定时器、比较器、捕捉单元、PWM 逻辑电路、正交编码脉冲电路以及中断逻辑电路等。

1.2.2 模数转换模块

F2812 数字信号处理器上的 ADC 模块将外部的模拟信号转换成数字量，ADC 模块可以将一个控制信号进行滤波或者实现运动系统的闭环控制。尤其是在电机控制系统中，采用 ADC 模块采集电机的电流或电压实现电流环的闭环控制。

1.2.3 SPI 和 SCI 通信接口

SPI 是一个高速同步串行通信接口，能够实现 DSP 与外部设备或另一个 DSP 之间的高速串行通信。应用中经常使用 SPI 接口和扩展外设的移位寄存器、LCD 显示以及 ADC 等外设通信。SCI 属于异步串行接口，支持标准的 UART 异步通信模式，并采用 NRZ（No-Return-Zero）数据格式，可以通过 SCI 串行接口与 CPU 或其他的异步外设进行通信。

1.2.4 看门狗

看门狗主要用来检测软件和硬件的运行状态，当内部计数器溢出时，将产生一个复位信号。为了避免产生不必要的复位，要求用户定期对看门狗定时器进行复位。如果不明原因使 CPU 中断程序，看门狗将产生一个复位信号，比如系统软件进入了一个死循环或者 CPU 的程序运行到了不确定的程序空间，从而使系统不能正常工作。在这种情况下，看门狗电路将产生一个复位信号，使 CPU 复位，程序从系统软件的开始执行。通过这种方式，看门狗有效地提高了系统的可靠性。

1.2.5 PLL 时钟模块

锁相环（PLL）模块主要用来控制 DSP 内核的工作频率，外部提供一个参考时钟输入，经过锁相环倍频或分频后提供给 DSP 内核。F2812 数字信号处理器能够实现 0.5～10 倍的倍频。

1.2.6 外部中断接口

TMS320F2812 数字信号处理器支持多种外设中断，外设中断扩展模块最多支持 96 个独立的中断。并将这些中断分成 8 组，每一组有 12 个中断源，根据中断向量表来确定产生的中断类型。CPU 将自动获取中断向量，在响应中断时，CPU 需要 9 个系统时钟完成中断向量的获取和重要 CPU 寄存器的保护（中断响应延时为 9 个系统时钟）。因此，CPU 能够相当快地响应外设产生的中断。

1.2.7 CAN 总线通信模块

TMS320F2812 数字信号处理器上的 CAN 总线接口模块是增强型的 CAN 接口，完全支持 CAN2.0B 总线规范。它有 32 个可配置的接收/发送邮箱，支持消息的定时邮递功能。最高通信速率可以达到 1Mbps。可以使用该接口构建高可靠性的 CAN 总线控制或检测网络。

1.2.8 GPIO

在 F2812 处理器有限的引脚当中，相当一部分都是特殊功能引脚和 GPIO 引脚共用的。实际上，GPIO 作为与其他设备进行数据交换的通道，也是非常有用的。GPIO Mux 寄存器选择这些引脚的功能（特殊功能引脚或数字量 I/O），如果配置成通用的数字 I/O 引脚，则还需要通过数据和方向控制寄存器来控制。

1.2.9 多通道缓冲串口

多通道缓冲串口主要有以下几个特点：

●除 DMA 外，与 TMS320C54x/TMS320C55x 数字信号处理器的 McBSP 兼容；

●全双工通信模式；

●双缓冲数据寄存器，能够实现连续的通信数据流；

●收发的帧和时钟相互独立；

●可以采用外部移位时钟或内部的时钟；

●支持 8，12，16，20，24 或 32 位的数据格式；

●帧同步和数据时钟的极性都是可编程的；

●可编程的内部时钟和同步帧；

●支持 A-bis 模式；

●能同 CODEC，AIC（Analog Interface Chips）等标准串行 A/D 和 D/A 器件接口；

●同 SPI 接口兼容，当系统工作在 150MHz 频率时，SPI 接口模式可以工作在 75Mbps；

●2 个 16×16 深度的发送通道 FIFO；

●2 个 16×16 深度的接收通道 FIFO。

1.2.10 存储器及其接口

F2812 数字信号处理器与 F24xx 系列数字信号处理器的存储器编址有很大的区别，F24xx 采用程序、数据和 I/O 分开编址，而 C281x 采用同一编址方式。芯片内部提供 18KB 的 SARAM 和 128KB 的 Flash 存储器，并在 F2812 等处理器上提供了外部存储器扩展接口，外部最高可达 1MB 的寻址空间。

1.3　TMS320F2812 应用领域

　　TMS320F2812 主要应用于工业驱动器、冷却系统、智能型传感器、可调雷射、电源供应器、消费性物品、高压交流系统、光纤网络、UPS 系统、手持式电动工具中。

- ●工业：
  - ◆自动化；
  - ◆泵；
  - ◆驱动；
  - ◆压缩；
  - ◆机器人技术。
- ●汽车；
- ●数字电源；
- ●高级传感；
- ●电机类型。

思考题

　　(1) 简述什么是 DSP（数字信号处理器），其有什么特点？

　　(2) 简述 TMS320F2812 内核特点及其组成，并指出冯·诺依曼结构和哈佛结构的区别。

　　(3) 简述 DSP 与单片机的区别。

　　(4) 在进行 DSP 系统设计时，如何选型？应从哪些方面考虑？

　　(5) 简述 DSP 的发展趋势。

　　(6) 简述 TMS320F2812 的应用领域。

　　(7) 简述 DSP 的分类。

2 双供电 DSP 电源设计

当采用双电源器件芯片设计系统时，需要考虑系统上电或掉电操作过程中内核和 I/O 供电的相对电压和上电次序。通常情况下，在芯片内部内核和外部 I/O 模块采用独立的供电结构，如果在上电或掉电过程中两个电压的供电起点和上升速度不同，就会在独立的结构（内核和外部 I/O 模块）之间产生电流，从而影响系统初始化状态，甚至影响器件的寿命，而且隔离模块之间的电流还会触发器件本身的闭锁保护。尽管 TI 公司的 DSP 上电过程中允许两种供电有一定的时间差，但为了提高系统的稳定性和延长器件的使用寿命，在设计时必须考虑上电、掉电次序问题。

应用双供电 DSP 平台的系统，在 I/O 供电之前每个 DSP 内核供电电流都比较大。引起电流过大主要是由于 DSP 内核没有正确地初始化，一旦 CPU 检测到内部的时钟脉冲，这种超大电流就会停止。随着 PLL 开始工作，I/O 上电，产生的时钟脉冲将降低上述的超大电流，从而使供电回到正常范围。减小内核和 I/O 供电的时间间隔可以减小这种大吸收电流对系统的影响。

双供电模块（比如 TPS563xx 和 PT69xx）可以消除两个电源之间的延时。此外，还可以采用肖特基二极管钳制内核和 I/O 的电源以满足系统的供电需求。双供电系统原理如图 2.1 所示。内核和 I/O 的供电应尽可能靠近 DSP 以减少供电通道的电感和阻抗。

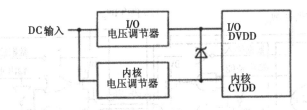

图 2.1　DSP 双电源供电系统原理

对于单 3.3 V 供电（内核和 I/O 都是 3.3 V）或双电源（如内核 1.8 V，I/O 3.3 V）的 DSP 系统，有几种方法可以保证内核先于外部 I/O 供电（2812 处理器要求内核先于 I/O 供电），从而避免产生系统级总线冲突。对于 DSP 内核和外设供电次序控制可以采用多种方法，下面主要介绍 2 种方法：采用分离元件 P 通道 MOSFET 管或者 TI 公司提供的电源分配开关。这两种方法都可以实现在 DSP 内核供电过程中隔离内核和外部 I/O 器件电源以及控制上电次序的目的。

2.1　总线冲突

　　TMS320F2812 的内核和 I/O 采用双供电方式，在设计系统时必须保证如果其中的一种电压低于要求的操作电压，则另一个电压的供电时间不能超出要求的时间。此外，在系统上电过程中，DSP 需要根据相关的引脚电平对其工作模式进行配置，因此要求内核要先于外部 I/O 供电。为了保障系统的稳定性和运行寿命，必须进行综合考虑，系统设计过程中供电顺序也是其中设计之一。在上电过程中，系统内核供电要和 I/O 缓冲供电尽可能同时，这样可以保障 I/O 缓冲接收到正确的内核输出，并防止系统的总线冲突。

　　实际上在 DSP 系统设计时，防止 DSP 的 I/O 引脚同外设之间的总线冲突是系统设计的一个重要方面，需要控制内核和 I/O 的上电次序。由于总线的控制逻辑位于 DSP 内核模块，I/O 供电先于内核供电会使 DSP 和外设同时配制成输出功能引脚。如果 DSP 与外设输出的电平相反将会产生总线冲突。图 2.2 给出了一个简单的双向口，此时会有较大的电流流过相反电平的通道。因此，系统设计时要求内核和外部 I/O 同时供电，从而避免总线控制信号处于不定状态时的冲突。如果内核先于 I/O 掉电，总线控制信号又处于不定的状态，也会导致有较大的电流流过 I/O 和 DSP 内核。因此，正确的上电、掉电次序（内核先上电后掉电）是保证系统可靠性，延长器件使用寿命的一种必要措施。

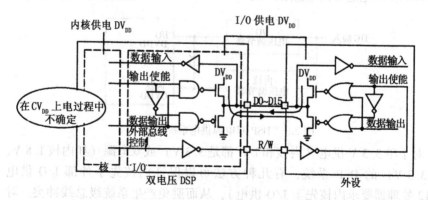

图 2.2　双向端口总线冲突示意图

2.2　内核和 I/O 供电次序控制策略

2.2.1　3.3 V 单电源上电次序控制

在某些 DSP 系统中仅需要单一的 3.3 V 供电电源，DSP 的内核和 I/O 可以采用相同的 3.3 V 供电电压。尽管采用相同的供电电压，为了避免总线冲突还是需要控制内核先于 I/O 供电。可以采用分离的 P 通道 MOSFET 或者专用的电源分配切换开关控制上电次序。

2.2.1.1　采用 P 通道 MOSFET 管和具有稳定标识的 DC/DC

这种方法相对其他方法具有原理简单、增加辅助器件少的特点，通过采用 P 通道 MOSFET 管和具有稳定标识输出的 DC/DC 电源模块来实现。P 通道 MOSFET 管作为电源分配开关，DC/DC 的电源的稳定状态输出引脚（PG：低电平表示电源达到理想值）作为电源分配开关的控制信号，控制 DSP 的 I/O 供电，如图 2.3 所示。

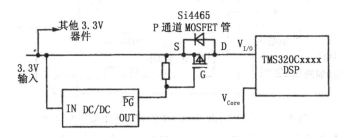

图 2.3　内核和 I/O 电源均为 3.3 V 供电的 DSP 系统

在上电过程中，I/O 供电电源经过 MOSFET 管连接到外部电源上，外部电源通过 DC/DC 模块变换后作为内核电源。只有当内核电源的稳定状态输出引脚输出低电平时，才会接通外部 I/O 电源，保证了内核先于 I/O 供电。

在掉电过程中，由于外部供电线路中某些容性器件的存在，外部电源电压由正常值到 0 状态会有一个过程。因此，当外部电源降低到 DC/DC 模块的输出电压以下时，稳定状态输出引脚（PG）会输出高电平从而关闭 MOSFET，关闭 I/O 电源。然后外部电源继续降低，DC/DC 输出也随之降低从而使内核电源断电。这样就控制了系统的掉电次序。

这种方法采用 P 通道 MOSFET 管作为电源分配开关，以 Si4465 为例，该器件有一个大约 9 mΩ 的回流吸收电阻。当 G 端电压大于 2.5 V 时（SO-8 封装），MOSFET 管导通允许有几安培的电流。对于不同封装的 Si4465 器件，导通电压和最大允许的电流也有所区别，可以根据需要选择合适的封装。此外，选择 P 通道 MOSFET 管也要注意其内阻，必须保证内阻上的压降不能大于通过 MOSFET 管电压的 1%~2%。此外，在电路设计时还必须保证 PG 能够正确地打开 MOSFET 管。由于大部分器件的 PG 都是集电极开路（Open-drain），为保证 PG 处于高阻状态能够关断 MOSFET 管，需要增加一个上拉电阻，如图 2.3 所示。

2.2.1.2　采用 P 通道 MOSFET 管和电源监测电路

如果选用没有稳定状态输出（PG）功能的 DC/DC，则可以外部增加 1 个电源监测（SVS）器件实现 PG 的功能，同时使用 P 通道 MOSFET 管作为电源分配开关实现上电次序的控制，如图 2.4 所示。

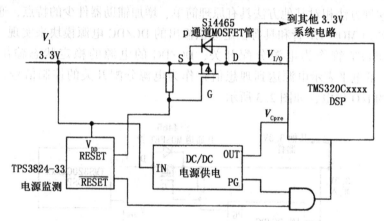

图 2.4　采用 P 通道 MOSFET 管和输入电源监测电路

在上电过程中，I/O 供电电源经过 MOSFET 管连接到外部电源上。外部电源通过 DC/DC 模块变换后作为内核电源。DC/DC 模块为 DSP 内核（或多个 DSP）以及系统电路供电，根据需要可以选用线性电源也可以选用开关电源。采用电源监测的方法，在外部输入 3.3 V 电源达到监测电路的阈值后，会自动产生一个 200 ms（一般情况）的低复位信号。可以利用该复位信号控制 I/O 的上电。由于输入电压上电 200 ms 后 I/O 才上电，因此，只有系统上电 200ms 内内核供电电压达到稳定，才能够正确地控制上电次序，但对一般系统而言，200 ms 是可以满足要求的。

在掉电过程中，电源监测（SVS）单元检测到外部电压断开，从而使 RESET 输出高电平关闭 MOSFET 管，断开 I/O 单元的供电电源。为了在 I/O 掉电后内核电源才切断，要求外部供电电路掉电时电压是逐渐衰减的，只有这样才能够满足系统的电源掉电次序。

上述方法是监测系统的输入电压, 实际上也可以选择直接检测 DSP 的内核电压, 如图 2.5 所示, 这样就不需要 200ms 的延时。在上电过程中, DSP 内核电压正常 200 ms 后才会给 I/O 供电; 在掉电过程中, 一旦内核电压低于监测电路的阈值将会自动关闭 MOSFET 管, 断开 I/O 电源。

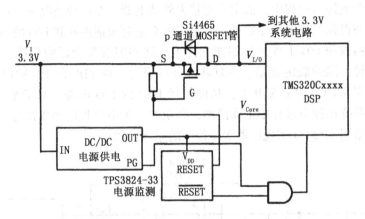

图 2.5　采用 P 通道 MOSFET 管和内核电源监测电路

2.2.1.3　电源分配开关

这种方法采用带有使能输入的电源分配开关和带有稳定标识的 DC/DC 模块实现电源的上电次序控制。电源分配开关内部具有短路和温度保护, 并提供电平输入使能、过流输出等多种 MOSFET 器件没有的功能, 图 2.6 给出了 TPS2034 的内部功能框图。

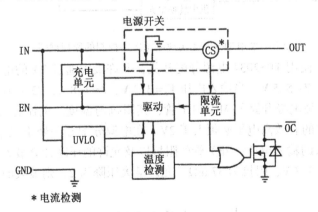

图 2.6　TPS2034 的内部功能框图

对于上电次序, I/O 电源通过带有使能输入 (ENABLE) 的电源分配开关来提供, 内核电源由 DC/DC 转换后提供。DC/DC 可以选用 LDO 线性电

源也可以选用开关电源。采用这种方法，假定 DC/DC 有一个稳定输出
（PG-POWER GOOD）信号，当内核电压达到要求的电压范围时，稳定输出
产生一个高电平为电源分配开关提供输出使能信号。这种方式可以防止内核
电压满足要求之前给 I/O 供电，从而满足 DSP 系统上电次序的控制要求。

在系统掉电过程中，假定首先移去外部电源。在这种情况下，众多不确
定因素使得预测掉电次序很难。不确定因素主要包括内核和 I/O 的负载吸收
电流、内核和 I/O 上连接的储能元件等，这些因素都会影响系统的掉电次
序。一种可能的假定就是，一旦移除外部供电，DC/DC 的 PG 输出就会变
成低电平关闭电源分配开关，从而切断 DSP 的 I/O 电源。对于某些系统，
为保证系统在掉电过程中正确操作，必须测试掉电过程的掉电次序。图 2.7
给出了采用 TP2034 实现电源次序控制的原理框图。

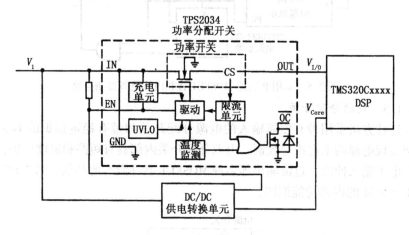

图 2.7　采用 TPS2034 实现电源次序控制的原理框图

这种方法使用 TPS2034 电源分配开关，允许最大通过 3A 的电流，输入
电压范围为 2.7~5.5 V。当输入电压 $V_I=3.3$ V，$I=1.8$ A，25 ℃时的阻抗为
37 mΩ（对于集电极开路的 MOSFET 管，其阻抗与温度、电流有关）。使能
ENABLE 信号的有效高电平必须大于 2V。在电源分配开关处于工作状态时，
可以根据要求的输入电压、开关管的阻抗以及允许的压降计算最大的通过电
流。例如 $V_I=3.3$ V，阻抗为 37 mΩ，允许最大压降为 2，则最大的通过电流
为：

$$I_{O\max} = \frac{V_{DS(on)}}{R_{DS(on)}} = \frac{3.3\text{V} \times 0.02}{37\text{m}\Omega} = 1.78\text{A}$$

根据上述的计算可以看出，对于绝大多数 DSP，采用 TPS2034 控制 I/O
电源基本可以满足需求。

2.2.1.4 电源分配开关和单电源监测电路

如果选用没有稳定状态输出（$\overline{PG}$）功能的 DC/DC，而且需要使用电源分配开关实现 DSP 电源的控制，则可以外部增加 1 个电源监测（SVS）器件实现$\overline{PG}$的功能，控制 DSP 电源上电和掉电的顺序。

在上电过程中，外部提供的 3.3V 电源经过 DC/DC 转换后为内核提供电源，电源监测电路（SVS）监测外部的 3.3V 输入，高于预定的阈值后 SVS 插入 200 ms，典型的复位信号。利用该复位信号控制电源分配开关导通为 DSP 的 I/O 供电。

在系统掉电过程中，首先移除外部电源。在这种情况下，电源监测电路监测到外部掉电复位信号 RESET 输出高电平，关闭电源分配开关，从而在 DSP 内核掉电之前 I/O 掉电，这种方法假定外部电压掉电是一个逐渐衰减的过程（实际系统也是如此），外部掉电时电源监测电路在电压衰减过程中仍然能够输出为 DSP 内核供电，保证了系统的掉电次序。图 2.8 给出了简单的原理框图。

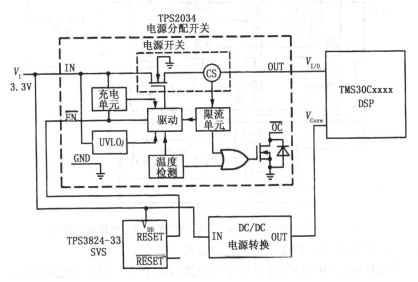

图 2.8 采用 TPS2034 和电源监测实现电源次序控制框图

2.2.1.5 电源分配开关和双电源监测电路

这种方法采用带有使能输入的电源分配开关和双电源监测电路共同实现 DSP 内核和 I/O 供电次序控制。电源监测电路检测外部的电源输入和 DC/DC 输出，通过检测这两个电压确定 I/O 的通电状态。在上电过程中内核先于 I/O 供电，在掉电过程中 I/O 先于内核掉电。因此，在前面几种方法不能够满足系统供电次序要求的情况下，可以选择这种方法实现电源的次序控制。

在上电过程中，外部 3.3 V 通过功率开关在使能信号（ENABLE）控制下直接为 I/O 供电。内核电压采用外部 3.3 V 作为输入并经过 DC/DC 转换后实现。采用这种方法，双电源监测电路所监测的两个电压超过各自的阈值后，产生一个 200 ms 的低电平复位信号，该信号可以作为功率分配开关的使能信号，保证在内核完成上电后才给 I/O 供电。

在掉电过程中，假定首先断开外部的 3.3 V 电压输入，电源监测电路检测到外部输入电压低于阈值会使 RESET 输出高电平，关闭功率分配开关断开 I/O 供电。这就保证了 I/O 先于内核掉电。图 2.9 给出了简单的原理框图。

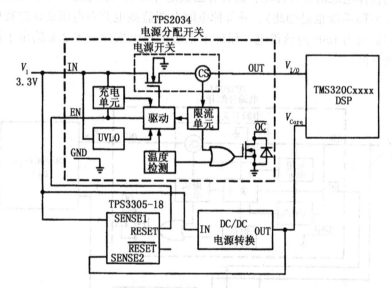

图 2.9 采用 TPS2034 和双电源监测实现电源次序控制原理图

2.2.1.6 P 通道 MOSFET 管和双电源监测电路

采用 P 通道 MOSFET 功率管作为电源分配开关，双电源监测电路控制系统的上电和掉电顺序。这种方法同上面采用电源分配开关和双电源监测电路相似，只是采用 MOSFET 作为电源分配开关。其结构原理如图 2.10 所示。

2.2.2 输入电压大于 3.3 V 的上电次序控制

在实际系统设计过程中，一般采用大于 3.3 V 电压的外部单电源供电。然后经过系统内部转换后为系统提供各种需要的电压。因此，在 2.2.1 节介

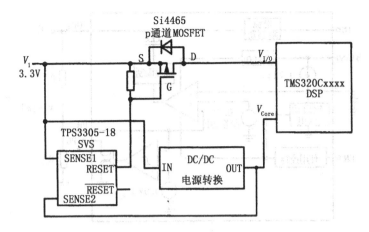

图 2.10 P 通道 MOSFET 管和和双电源监测电路电源次序控制原理图

绍的供电次序控制的基础上还需要增加相应的转换电路，将输入电压转换成 3.3 V 后再给 I/O 供电。

下面介绍采用低压差线性稳压器（LDO）为 I/O 提供 3.3 V 电源。主要使用电源稳定（PG）、输出使能（ENABLE）和复位信号（RESET）控制上电次序。

2.2.2.1 LDO 集成电路稳压器

LDO 是新一代的集成电路稳压器，它与三端稳压器最大的不同点在于，LDO 是一个自耗很低的微型片上系统（SOC）。它可用于电流主通道控制，芯片上集成了具有极低线上导通电阻的 MOSFET、肖特基二极管、取样电阻和分压电阻等硬件电路，并具有过流保护、过温保护、精密基准源、差分放大器、延迟器等功能，如图 2.11 所示。PG 是新一代 LDO，具备输出状态自检、延迟安全供电功能，也可称之为 Power Good，即"电源好或电源稳定"。

使用带有使能输入和电源稳定功能的集成电路稳压器可实现 DSP 系统电源供电次序的控制，控制原理如图 2.12 所示。在有控制信号的情况下，这种方法具有简单可靠的优点。

2.2.2.2 LDO 集成电路稳压器和单电源监测电路

如果 DC/DC 没有电源稳定（PG）信号输出，可以考虑采用电源监测电路控制 I/O 供电电路的电源转换器件，如图 2.13 所示。

在上电过程中，I/O 供电的 3.3 V 电压在输入使能引脚的控制下经过 LDO 获得，内核电压直接由 DC/DC 转换获得。在此过程中，电源监测电路监测输入电压，当达到预定的阈值时产生 200 ms 的复位信号控制 LDO 的使

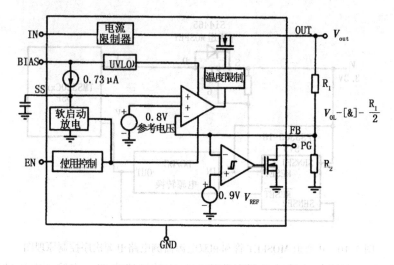

图 2.11 TPS74401 内部结构框图

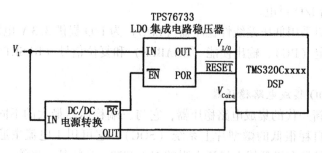

图 2.12 采用 LDO 集成电路稳压器实现电源次序控制原理图

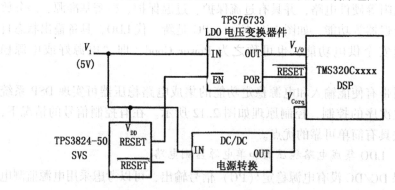

图 2.13 采用 TPS76733 和单电源监测电路实现上电次序控制

能端，经过 200 ms 后接通 I/O 电源。这样可以在内核加电 200 ms 后才给 I/O 供电。在掉电过程中，首先移除外部输入电压，监测电路监测到外部掉电后复位信号输出高电平, 关闭 LDO 电压调节器, 从而使 DSP 系统的 I/O 电源先于内核掉电。

2.2.2.3 LDO 集成电路稳压器和双电源监测电路

这种方法采用带有使能输入的 LDO 电压调节器和双电压监测电路控制 DSP 系统的上电次序, 如图 2.14 所示。双电源监测电路监测外部输入电压和 DC/DC 的输出电压, 通过监测这两个电压可以消除一些不确定因素对上电次序的影响。在上电过程中内核先于 I/O 上电, 而掉电过程则恰好相反。

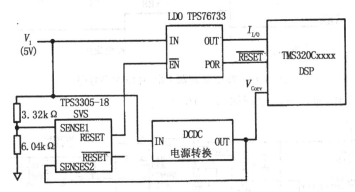

图 2.14 采用 TPS76733 和双电源监测电路实现上电次序控制

2.3 电源设计

TMS320F2812/F2811/F2810/C2812/C2811/C2810 处理器要求采用双电源 (1.8 V 或 1.9 V 和 3.3 V) 为 CPU, Flash, ROM, ADC 以及 I/O 等外设供电。为了保证上电过程中所有模块具有正确的复位状态, 要求处理器上电和掉电满足一定的次序要求。

为满足系统上电过程中相关引脚处于确定的状态并简化设计, 首先应保证所有模块的 3.3 V 电压 (包括 VDDIO, VDD3VFL, VDDA1/VDDA2/VD-DAIO/AVDDREFBG) 先供电, 然后提供 1.8 V 或 1.9 V 电压。要求在 VD-DIO 电压达到 2.5 V 之前, 1.8 V 或 1.9 V (VDD/VDD1) 的电压不能超过 0.3 V。只有这样才能够保证在上电过程中, 所有 I/O 状态确定后内核才上电, 处理器模块上电完成后都处于一个正确的复位状态。上电次序如图 2.15 所示。

掉电过程中, 在 VDD 降低到 1.5 V 之前, 处理器的复位引脚必须插入最小 8 μs 的低电平。这样有助于在 VDDIO/VDD 掉电之前, 片上的 Flash 逻辑处于复位状态。因此, 电源设计时一般采用 LDO 的复位输出作为处理器

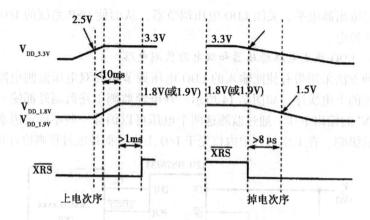

图 2.15 2812 处理器上电/掉电次序时序

的复位控制信号。供电原理如图 2.16 所示。

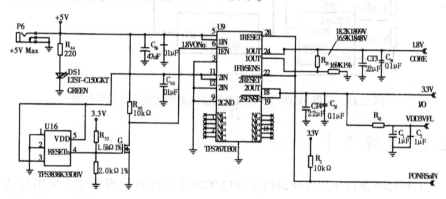

图 2.16 281x 处理器供电原理图

思考题

(1) 简述 DSP 系统供电特点。

(2) 什么是总线冲突？

(3) 简述 3.3V 单电源的内核和 I/O 供电次序控制策略。

(4) 简述 LDO 与三端稳压器的区别。

3 TMS320F2812 时钟与中断

3.1 时钟

　　TMS320F2812 处理器内部集成了振荡器、锁相环、看门狗及工作模式选择等控制电路。振荡器、锁相环主要为处理器 CPU 及相关外设提供可编程的时钟，每个外设的时钟都可以通过相应的寄存器进行编程设置；看门狗可以监控程序的运行状态，提高系统可靠性。本节主要介绍 F2812 的时钟、锁相环、看门狗和复位控制电路等。F2812 内部的各种时钟和复位电路的内部结构图如图 3.1 所示。

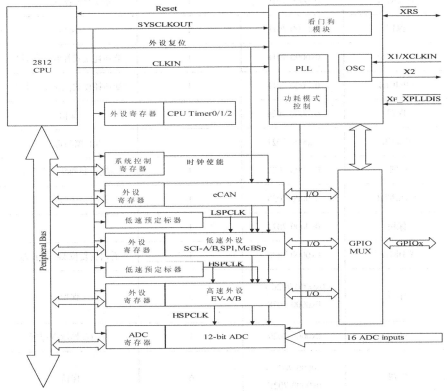

图 3.1 F2812 内部各种时钟和复位电路的内部结构图

3.1.1 时钟和系统控制

在 F2812 数字信号处理器上，所有的时钟、锁相环、看门狗以及低功耗模式等都是通过相应的控制寄存器配置的，各控制寄存器如表 3.1 所示。

表 3.1 时钟、锁相环、看门狗以及低功耗模式寄存器

名称	地址	地址空间（16 位）	描述
保留	0x0000 7010 ~ 0x0000 7019	10	保留
HISPCP	0x0000 701A	1	高速外设时钟设置寄存器
LOSPCP	0x0000 701B	1	慢速外设时钟设置寄存器
PCLKCR	0x0000 701C	1	外设时钟控制寄存器
保留	0x0000 701D	1	保留
LPMCR0	0x0000 701E	1	低功耗模式控制寄存器 0
LPMCR1	0x0000 701F	1	低功耗模式控制寄存器 1
保留	0x0000 7020	1	保留
PLLCR	0x0000 7021	1	PLL 控制寄存器
SCSR	0x0000 7022	1	系统控制和状态寄存器
WDCNTR	0x0000 7023	1	看门狗计数寄存器
保留	0x0000 7024	1	保留
WDKEY	0x0000 7025	1	看门狗复位 key 寄存器
保留	0x0000 7026 ~ 0x0000 7028	3	保留
WDCR	0x0000 7029	1	看门狗控制寄存器
保留	0x0000 702A ~ 0x0000 702F	6	保留

3.1.1.1　外设时钟控制寄存器

外设时钟控制寄存器（PCLKCR）控制片上各种时钟的工作状态，使能或禁止相关外设的时钟。外设时钟控制寄存器分配如图 3.2 所示，各位功能定义如表 3.2 所示。

15	14	13	12	11	10	9	8
Reserved	ECAN ENCLK	Reserved	MCBSP ENCLK	SCIB ENCLK	SCIA ENCLK	Reserved	SPI ENCLK
R-0	R/W-0	R-0	R/W-0	R/W-0	R/W-0	R-0	R/W-0

7				4	3	2	1	0
Reserved					ADC ENCLK	Reserved	EVB ENCLK	EVA ENCLK
R-0					R/W-0	R-0	R/W-0	R/W-0

图 3.2　外设时钟控制寄存器（PCLKCR）

表 3.2　外设时钟控制寄存器（PCLKCR）功能定义

位	名称	描述
15	保留	保留
14	ECANENCLK	如果 ECANENCLK=1，使能 CAN 总线的系统时钟。对于低功耗操作模式，用户可以通过软件或复位对 ECANENCLK 位清零
13	保留	保留
12	MCBSPENCLK	如果 MCBSPENCLK=1，使能 McBSP 外设内部的低速时钟（LSP-CLK）。对于低功耗操作模式，用户可以通过软件或复位对 MCB-SPENCLK 位清零
11	SCIBENCLK	如果 SCIBENCLK=1，使能 SCI-B 外设内部的低速时钟（LSP-CLK）。对于低功耗操作模式，用户可以通过软件或复位对 SCI-BENCLK 位清零
10	SCIAENCLK	如果 SCIAENCLK=1，使能 SCI-A 外设内部的低速时钟（LSP-CLK）。对于低功耗操作模式，用户可以通过软件或复位对 SCI-AENCLK 位清零
9	保留	保留
8	SPIAENCLK	如果 SPIAENCLK=1，使能 SPI 外设内部的低速时钟（LSPCLK）。对于低功耗操作模式，用户可以通过软件或复位对 SPIAENCLK 位清零
7~4	保留	保留

续表

位	名称	描述
3	ADCENCLK	如果 ADCENCLK = 1，使能 ADC 外设内部的高速时钟（HSP-CLK）。对于低功耗操作模式，用户可以通过软件或复位对 AD-CENCLK 位清零
2	保留	保留
1	EVBENCLK	如果 EVBENCLK = 1，使能 EV-B 外设内部的高速时钟（HSP-CLK）。对于低功耗操作模式，用户可以通过软件或复位对 EVBENCLK 位清零
0	EVAENCLK	如果 EVAENCLK = 1，使能 EV-A 外设内部的高速时钟（HSP-CLK）。对于低功耗操作模式，用户可以通过软件或复位对 EVAENCLK 位清零

3.1.1.2 系统控制和状态寄存器

系统控制和状态寄存器包含看门狗溢出位和看门狗中断屏蔽/使能位，具体功能如图 3.3 和表 3.3 所示。

15							8
Reserved							
R–0							

7			3	2	1	0
Reserved				WDINTS	WDENINT	WDOVERRIDE
R–0				R–0	R/W–0	R/W–1

图 3.3 系统控制和状态寄存器（SCSR）

表 3.3 系统控制和状态寄存器功能定义

位	名称	描述
15~3	保留	保留
2	WDINTS	看门狗中断状态位，反映看门狗模块的 WDINT 信号的状态。如果使用看门狗中断信号将器件从 IDLE 或 STANDBY 状态唤醒，则再次进入到 IDLE 或 STANDBY 状态之前必须保证 WDINTS 信号无效（WDINTS = 1）
1	WDENINT	WDENINT = 1，看门狗复位信号（WDRST）被屏蔽，看门狗中断信号（WDINT）使能（系统复位的默认值）；WDENINT = 0，看门狗复位信号（WDRST）被使能，看门狗中断信号（WDINT）屏蔽

续表

位	名称	描述
0	WDOVERRIDE	如果 WDOVERRIDE 位置 1，允许用户改变看门狗控制寄存器（WDCR）的看门狗屏蔽位（WDDIS）；如果通过向 WDOVER-RIDE 位写 1 将其清除，用户则不能改变 WDDIS 位的设置，写 0 没有影响。如果该位被清除，只有系统复位该位才会改变状态；用户随时可以读取该状态

3.1.1.3　高速外设时钟寄存器

HISPCP 和 LOSPCP 控制寄存器分别控制高/低速的外设时钟，具体功能如图 3.4、图 3.5 和表 3.4、表 3.5 所示。

15						3	2	0
Reserved							HSPCLK	
R-0							R/W-001	

图 3.4　高速外设时钟寄存器（HISPCP）

表 3.4　高速外设时钟寄存器（HISPCP）功能定义

位	名称	描述
15~3	保留	保留
2~0	HSPCLK	位 2~0 配置高速外设时钟相对于 SYSCLKOUT 的倍频系数 如果 HISPCP 不等于 0，HSPCLK = SYSCLKOUT/（HISPCP×2） 如果 HISPCP 等于 0，HSPCLK = SYSCLKOUT 000 高速时钟 = SYSCLKOUT/1 001 高速时钟 = SYSCLKOUT/2（复位默认值） 010 高速时钟 = SYSCLKOUT/4 011 高速时钟 = SYSCLKOUT/6 100 高速时钟 = SYSCLKOUT/8 101 高速时钟 = SYSCLKOUT/10 110 高速时钟 = SYSCLKOUT/12 111 高速时钟 = SYSCLKOUT/14

15					3	2	0
Reserved						LSPCLK	
R-0						R/W-010	

图 3.5　低速外设时钟寄存器（LOSPCP）

表 3.5　低速外设时钟寄存器（LOSPCP）功能定义

位	名称	描述
15~3	保留	保留
2~0	LSPCLK	位 2~0 为配置低速外设时钟相对于 SYSCLKOUT 的倍频系数 如果 LOSPCP 不等于 0，LSPCLK=SYSCLKOUT/（LOSPCP×2） 如果 LOSPCP 等于 0，LSPCLK=SYSCLKOUT 000 低速时钟 = SYSCLKOUT/1 001 低速时钟 = SYSCLKOUT/2（复位默认值） 010 低速时钟 = SYSCLKOUT/4 011 低速时钟 = SYSCLKOUT/6 100 低速时钟 = SYSCLKOUT/8 101 低速时钟 = SYSCLKOUT/10 110 低速时钟 = SYSCLKOUT/12 111 低速时钟 = SYSCLKOUT/14

3.1.2　振荡器和锁相环模块（OSC 和 PLL）

F2812 处理器片上有基于 PLL 的时钟模块，为器件及各种外设提供时钟信号。锁相环有 4 位倍频设置位，可以为处理器提供各种速度的时钟信号。时钟模块提供两种操作模式，如图 3.6 所示。

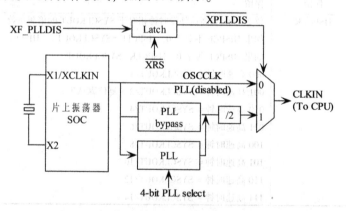

图 3.6　晶体振荡器及锁相环模块

内部振荡器：如果使用内部振荡器，则必须在 X1/XCLKIN 和 X2 两个引脚之间连接一个石英晶体。

外部时钟源：如果采用外部时钟，可以将输入的时钟信号直接接到 X1/XCLKIN引脚上，而 X2 悬空。在这种情况下，不使用内部振荡器。

外部$\overline{\text{XPLLDIS}}$引脚可以选择系统的时钟源。当$\overline{\text{XPLLDIS}}$为低电平时，系

统直接采用外部时钟或晶振直接作为系统时钟；当$\overline{\text{XPLLDIS}}$为高电平时，外部时钟经过 PLL 倍频后，为系统提供时钟。系统可以通过锁相环控制寄存器来选择锁相环的工作模式和倍频的系数。表 3.6 给出了锁相环配置模式；图 3.7 和表 3.7 给出了锁相环控制寄存器的功能。

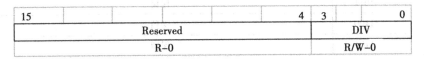

15				4	3		0
Reserved					DIV		
R-0					R/W-0		

图 3.7 锁相环控制寄存器（PLLCR）

表 3.6 锁相环配置模式

PLL 模式	功能描述	SYSCLKOUT
PLL 被禁止	复位时如果$\overline{\text{XPLLDIS}}$引脚是低电平，则 PLL 完全被禁止。处理器直接使用引脚 X1/XCLKIN 输入的时钟信号	XCLKIN
PLL 旁路	上电时的默认配置，如果 PLL 没有被禁止，则 PLL 将变成旁路，在 X1/XCLKIN 引脚输入的时钟经过 2 分频后提供给 CUP	XCLKIN/2
PLL 使能	使能 PLL，在 PLLCR 寄存器中写入一个非零值 n	（XCLKIN×n）/2

表 3.7 锁相环控制寄存器功能定义

位	名称	描述
15~4	保留	保留
3~0	DIV	DIV 选择 PLL 是否为旁路，如果不是旁路，则设置相应的倍频系数
	0000	CLKIN = OSCCLK/2 （PLL by pass）
	0001	CLKIN = （OSCCLK×1.0）/2
	0010	CLKIN = （OSCCLK×2.0）/2
	0011	CLKIN = （OSCCLK×3.0）/2
	0100	CLKIN = （OSCCLK×4.0）/2
	0101	CLKIN = （OSCCLK×5.0）/2
	0110	CLKIN = （OSCCLK×6.0）/2
	0111	CLKIN = （OSCCLK×7.0）/2
	1000	CLKIN = （OSCCLK×8.0）/2

续表

位	名称	描述
	1001	CLKIN = (OSCCLK×9.0) /2
	1010	CLKIN = (OSCCLK×10.0) /2
	1011	保留
	1100	保留
	1101	保留
	1110	保留
	1111	保留

3.1.3 低功耗模式

3.1.3.1 低功耗模式概述

F2812 的低功耗模式与 F240x 的低功耗模式基本相同，各种操作模式如表 3.8 所示。

表 3.8 F2812 的低功耗模式

低功耗模式	LPMCR0 (1 0)	OSCCLK	CLKIN	SYSCLKOUT	唤醒信号
IDLE	00	On	On	On	XRS WAKEINT 任何被使能的中断 XNMI_ XINT13
HALT	01	On （看门狗仍然运行）	Off	Off	XRS WAKEINT XINT1 XNMI_ XNT13 T1/2/3/4CTRIP C1/2/3/4/5/6TRIP SCIRXDA SCIRXDB CANRX 仿真调试
STANDBY	1X	Off（晶振和锁相环关闭，看门狗不工作）	Off	Off	XRS XNMI_ XINT13 仿真调试

IDLE 模式：任何被使能的中断或 NMI 中断都可以使处理器退出 IDLE 模式。在这种模式下，如果 LPMCR [1:0] 位都设置成零，LPM 模块将不完成任何工作。

HALT 模式：只有复位 $\overline{XRS}$ 和 XNMI_ XINT13 外部信号能够唤醒器件，使其退出 HALT 模式。在 XMNICR 寄存器中，CPU 有一位使能/禁止 XNMI。

STANDBY 模式：如果在 LPMCR1 寄存器中被选中，所有信号（包括 XNMI）都能够将处理器从 STANDBY 模式唤醒，用户必须选择具体哪个信号唤醒处理器。在唤醒处理器之前，要通过 OSCCLK 确认被选定的信号。OSCCLK 的周期数在 LPMCR0 寄存器当中确定。

3.1.3.2 低功耗模式寄存器

低功耗模式通过 LPMCR0 和 LPMCR1 两个寄存器来控制，具体如图 3.8、图 3.9、表 3.9、表 3.10 所示。

（1）低功耗模式控制寄存器 0（LPMCR0）。

15	8	7	2	1	0
Reserved		QUALSTDBY		LPM	
R–0		R/W–1		R/W–0	

图 3.8　低功耗模式控制寄存器 0（LPMCR0）

表 3.9　低功耗模式控制寄存器 0 功能定义

位	名称	类型	复位状态	描述
15~8	保留	只读	0 0	
7~2	QUALSTDBY	读/写	1 1	确定从低功耗模式唤醒到正常工作模式的时钟周期的个数： 000000 = 2 OSCCLKs 000001 = 3 OSCCLKs ⋮ 111111 = 65 OSCCLKs
1, 0	LPM	读/写	0 0	设置低功耗模式

（2）低功耗模式控制寄存器 1（LPMCR1）。

15	14	13	12	11	10	9	8
CANRX	SCIRXB	SCIRXA	C6TRIP	C5TRIP	C4TRIP	C3TRIP	C2TRIP
R/W–0	R/W–0	R/W–0	R/W–0	R/W–0	R/W–0	R/W–0	R/W–0

7	6	5	4	3	2	1	0
C1TRIP	T4CTRIP	T3CTRIP	T2CTRIP	T1CTRIP	WDINT	XNMI	XINT1
R/W–0	R/W–0	R/W–0	R/W–0	R/W–0	R/W–0	R/W–0	R/W–0

图 3.9　低功耗模式控制寄存器 1（LPMCR1）

表 3.10 低功耗模式控制寄存器 1 功能定义

位	名称	描述
0	XINT1	
1	XNMI	
2	WDINT	
3	T1CTRIP	
4	T2CTRIP	
5	T3CTRIP	
6	T4CTRIP	如果相应的控制位设置为 1，将使能对应的信号，将器件从低功耗模式唤醒，进入到正常工作模式；如果设置为 0，则相应的信号没有影响
7	C1TRIP	
8	C2TRIP	
9	C3TRIP	
10	C4TRIP	
11	C5TRIP	
12	C6TRIP	
13	SCIRXA	
14	SCIRXB	
15	CANRX	

3.1.4 看门狗模块

F2812 数字信号处理器上的看门狗与 240x 器件上的基本相同，当 8 位的看门狗计数器计数到最大值时，看门狗模块产生一个输出脉冲（512 个振荡器时钟宽度）。如果不希望产生脉冲信号，用户需要屏蔽计数器，或用软件周期向看门狗复位控制寄存器写 "0x55+0xAA"，该寄存器能够使看门狗计数器清零。看门狗功能框图如图 3.10 所示。

当 WDINT 信号有效时，看门狗可以将处理器从 IDLE/STANDBY 模式唤醒。在 STANDBY 模式下，所有外设都将被关闭，只有看门狗起作用。WATCHDOG 模块将脱离 PLL 时钟运行。WDINT 信号反馈到 LPM 模块，以便可以将器件从 STANDBY 模式唤醒。在 IDLE 模式下，WDINT 信号能够向 CUP 产生中断（该中断为 WAKEINT），使 CPU 脱离 IDLE 工作模式。在 HALT 模式下，由于 PLL 和 OSC 单元被关闭，因此不能实现上述功能。

为了实现看门狗的各项功能，内部有 3 个功能寄存器。具体情况如下。

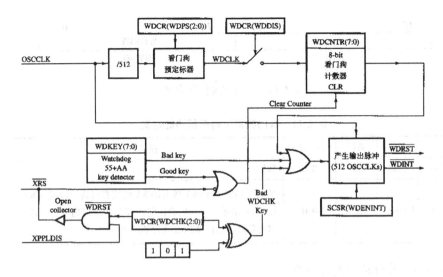

图 3.10 看门狗功能框图

3.1.4.1 看门狗计数寄存器

图 3.11 给出了看门狗计数寄存器的各位分配,表 3.11 给出了看门狗计数寄存器功能定义。

15		8	7		0
	Reserved			WDCNTR	
	R–0			R/W–0	

图 3.11 看门狗计数寄存器

表 3.11 看门狗计数器寄存器功能定义

位	名称	描述
15~8	保留	保留
7~0	WDCNTR	位 0~7 包含看门狗计数器当前的值。8 位的计数器将根据看门狗时钟 WD-CLK 连续计数,如果计数器溢出,看门狗初始化中断;如果向 WDKEY 寄存器写有效的数据组合,将使计数器清零

3.1.4.2 看门狗复位寄存器

图 3.12 给出了看门复位寄存器的各位分配,表 3.12 给出了看门狗复位寄存器功能定义。

15		8	7		0
Reserved			WDKEY		
R–0			R/W–0		

图 3.12 看门狗复位寄存器

表 3.12 看门狗复位寄存器功能定义

位	名称	类型	复位状态	描述
15~8	保留	读	0 0	保留
7~0	WDKEY	读/写	0 0	依次写 0x55 和 0xAA 到 WDKEY 将使看门狗计数器（WD-CNTR）清零。写其他的任何值都会使看门狗复位；读该寄存器时将返回 WDCR 寄存器的值

3.1.4.3 看门狗控制寄存器

图 3.13 给出了看门狗控制寄存器的各位分配，表 3.13 给出了看门狗控制寄存器功能定义。

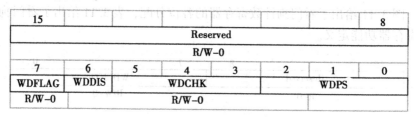

15							8
Reserved							
R/W–0							

7	6	5	4	3	2	1	0
WDFLAG	WDDIS		WDCHK			WDPS	
R/W–0		R/W–0					

图 3.13 看门狗控制寄存器

表 3.13 看门狗控制寄存器功能定义

位	名称	描述
15~8	保留	保留
7	WDFLAG	看门狗复位状态标志位，如果该位被置 1，表示看门狗复位（WDRST）满足了复位条件；如果等于 0，表示是上电复位条件或外部器件复位条件。写 1 到 WDFLAG 位将使该位清零，写 0 没有影响
6	WDDIS	写 1 到 WDDIS 位，屏蔽看门狗模块；写 0 使能看门狗模块。只有当 SCSR2 寄存器的 WDOVERRIDE 位等于 1 时，才能够改变 WDDIS 的值，器件复位后，看门狗模块被使能
5~3	WDCHK (2~0)	WDCHK（2~0）必须写 1，0，1，写其他任何值都会引起器件内核的复位（看门狗已经使能）

续表

位	名称	描述
2~0	WDPS (2~0)	WDPS（2~0）配置看门狗计数时钟（WDCLK）相对于 OSCCLK/512 的倍率 000 WDCLK = OSCCLK/512/1 001 WDCLK = OSCCLK/512/1 010 WDCLK = OSCCLK/512/2 011 WDCLK = OSCCLK/512/4 100 WDCLK = OSCCLK/512/8 101 WDCLK = OSCCLK/512/16 110 WDCLK = OSCCLK/512/32 111 WDCLK = OSCCLK/512/64

当 $\overline{XRS}$ = 0 时，看门狗标志位（WDFLAG）强制为低电平。只有当 $\overline{XRS}$ = 1 时，并且检测到 $\overline{WDRST}$ 信号的上升沿时，WDFLAG 才会被置 1。当 $\overline{WDRST}$ 处于上升沿时，如果 $\overline{XRS}$ 是低电平，则 WDFLAG 仍保持低，在应用过程中，用户可以将 $\overline{WDRST}$ 信号连接到 $\overline{XRS}$ 信号上。因此，要想区分看门狗复位和外部器件复位，必须外部复位比看门狗的脉冲长。

3.1.5 定时器 0/1/2

3.1.5.1 定时器简介

本节主要介绍 F2812 器件上的 3 个 32 位 CPU 定时器（TIMER0/1/2）。其中定时器 1 和定时器 2 预留给适时操作系统使用（例如 DSPBIOS），只有 CPU 定时器 0 用户可以在应用程序中使用。定时器功能框图如图 3.14 所示。

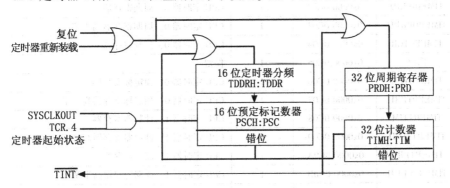

图 3.14 定时器功能框图

3 个定时器的中断信号（$\overline{\text{TINT0}}$，$\overline{\text{TINT1}}$，$\overline{\text{TINT2}}$）在处理器内部连接不尽相同，如图 3.15 所示。

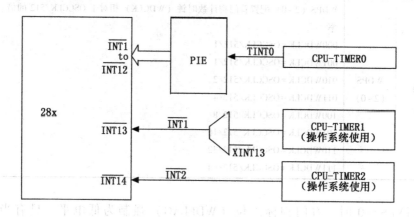

图 3.15　定时器中断

3.1.5.2　定时器寄存器

定时器在工作过程中，首先用 32 位计数寄存器（TIMH：TIM）装载周期寄存器（PRDH：PRD）内部的值。计数寄存器根据 SYSCLKOUT 时钟递减计数。当计数寄存器等于 0 时，定时器中断输出产生一个中断脉冲。各定时器的寄存器地址分配如表 3.14 所示。

表 3.14　定时器配置和控制寄存器

名称	地址	占用空间	描述
TIMER0TIM	0x0000 0C00	1	CPU 定时器 0，计数器寄存器
TIMER0TIMH	0x0000 0C01	1	CPU 定时器 0，计数器寄存器高半字
TIMER0PRD	0x0000 0C02	1	CPU 定时器 0，周期寄存器
TIMER0PRDH	0x0000 0C03	1	CPU 定时器 0，周期寄存器高半字
TIMER0TCR	0x0000 0C04	1	CPU 定时器 0，控制寄存器
保留	0x0000 0C05	1	保留
TIMER0TPR	0x0000 0C06	1	CPU 定时器 0，预定标寄存器
TIMER0TPRH	0x0000 0C07	1	CPU 定时器 0，预定标寄存器高半字
TIMER1TIM	0x0000 0C08	1	CPU 定时器 1，计数器寄存器
TIMER1TIMH	0x0000 0C09	1	CPU 定时器 1，计数器寄存器高半字
TIMER1PRD	0x0000 0C0A	1	CPU 定时器 1，周期寄存器
TIMER1PRDH	0x0000 0C0B	1	CPU 定时器 1，周期寄存器高半字
TIMER1TCR	0x0000 0C0C	1	CPU 定时器 1，控制寄存器

续表

名称	地址	占用空间	描述
保留	0x0000 0C0D	1	保留
TIMER1TPR	0x0000 0C0E	1	CPU 定时器 1，预定标寄存器
TIMER1TPRH	0x0000 0C0F	1	CPU 定时器 1，预定标寄存器高半字
TIMER2TIM	0x0000 0C10	1	CPU 定时器 2，计数寄存器
TIMER2TIMH	0x0000 0C11	1	CPU 定时器 2，计数寄存器高半字
TIMER2PRD	0x0000 0C12	1	CPU 定时器 2，周期寄存器
TIMER2PRDH	0x0000 0C13	1	CPU 定时器 2，周期寄存器高半字
TIMER2TCR	0x0000 0C14	1	CPU 定时器 2，控制寄存器
保留	0x0000 0C15	1	保留
TIMER2TPR	0x0000 0C16	1	CPU 定时器 2，预定标寄存器
TIMER2TPRH	0x0000 0C17	1	CPU 定时器 2，预定标寄存器高半字
保留	0x0000 0C18~ 0x0000 0C3F	40	保留

（1）定时器计数器。

图 3.16 给出了定时器计数寄存器的各位分配，表 3.15 给出了定时器计数寄存器功能定义。

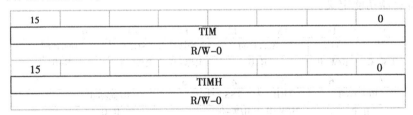

图 3.16 定时器计数寄存器

表 3.15 定时器计数寄存器功能表

位	名称	功能描述
15~0	TIM	CPU 定时器计数器（TIMH：TIM）：TIM 寄存器保存当前 32 位定时器计数值的低 16 位，TIMH 寄存器保存高 16 位。每隔（TDDRH：TDDR+1）个时钟周期 TIMH：TIM 减 1，其中 TDDRH：TDDR 是定时器预定标分频系数。当 TIMH：TIM 递减到 0 时，TIMH：TIM 寄存器重新装载 PRDH：PRD 寄存器保存的周期值，并产生定时器中断 $\overline{\text{TINT}}$ 信号

（2）定时器周期寄存器。

图 3.17 给出了定时器周期寄存器的各位分配，表 3.16 给出了定时器周期寄存器功能定义。

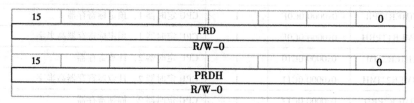

15							0
			PRD				
			R/W-0				
15							0
			PRDH				
			R/W-0				

图 3.17 定时器周期寄存器

表 3.16 定时器周期寄存器功能表

位	名称	功能描述
15~0	TIM	CPU 周期寄存器（PRDH：PRD）；PRD 寄存器保存 32 位周期的低 16 位，PRDH 保存高 16 位，当 TIMH：TIM 递减到零时，在下次定时周期开始之前 TIMH：TIM 寄存器重新装载 PRDH：PRD 寄存器保存的周期值；当用户将定时器控制寄存器（TCR）的定时器重新装载位（TRB）置位时，TIMH：TIM 也会重新装载 PRDH：PRD 寄存器保存的周期值

（3）定时器控制寄存器。

图 3.18 给出了定时器控制寄存器的各位分配，表 3.17 给出了定时器控制寄存器功能定义。

15	14	13	12	11	10	9	8
TIF	TIE	Reserved		FREE	SOFT	Reserved	
R/W-0	R/W-0	R-0		R/W-0	R/W-0	R-0	
7	6	5	4	3			0
Reserved		TRB	TSS	Reserved			
R-0		R/W-0	R/W-0	R-0			

图 3.18 定时器控制寄存器

表 3.17 定时器控制寄存器功能定义

位	名称	功能描述
15	TIF	CPU 定时器中断标志 当定时器计数器递减到 0 时，该位将置 1。可以通过软件向 TIF 写 1 将 TIF 位清零，但只有计数器递减到 0 时才会将该位置位 0 写 0 对该位没有影响 1 写 1 将该位清零

续表

位	名称	功能描述
14	TIE	CPU 定时器中断使能 如果定时器计数器递减到零,TIE 置位,定时器将会向 CPU 产生中断
13,12	保留	保留
11	FREE	CPU 定时器仿真模式
10	SOFT	CPU 定时器仿真模式 当使用高级语言编程调试遇到断点时,FREE 和 SOFT 确定定时器的状态。如果 FREE 值为 1,在遇到断点时定时器继续运行。在这种情况下,SOFT 位不起作用。但是如果 FREE = 0,SOFT 将会对操作有影响。在这种情况下,如果 SOFT = 0,下次 TIMH:TIM 寄存器递减操作完成后,定时器停止工作;如果 SOFT = 1,TIMH:TIM 寄存器递减到 0 后定时器停止工作 FREE　　SOFT　　CUP 定时器仿真模式 　0　　　　0　　　　下次 TIMH:TIM 递减操作完成后定时器停止(hard stop) 　0　　　　1　　　　TIMH:TIM 寄存器递减到 0 后定时器停止(soft stop) 　1　　　　0　　　　自由运行 　1　　　　1　　　　自由运行
9~6	保留	保留
5	TRB	定时器重新装载控制位 当向定时器控制寄存器(TCR)的定时器重新装载位(TRB)写 1 时,TIMH:TIM 会重新装载 PRDH:PRD 寄存器保存的周期值,并且预定标计数器(PSCH:PSC)装载定时器分频寄存器(TDDRH:TDDR)中的值;读 TRB 位总是返回 0
4	TSS	定时器停止状态位 TSS 是启动和停止定时器的状态位 0 为了启动或重新启动定时器,将 TSS 清零;系统复位后,TSS 清零立即启动定时器 1 要停止定时器,将 TSS 置 1
3~0	保留	保留

（4）定时器预定标寄存器。

图 3.19 给出了定时器预定标寄存器的各位分配,表 3.18 给出了定时器预定标寄存器功能定义。

15		8	7		0
PSC			TDDR		
R–0			R/W–0		
15					0
PSCH			TDDRH		
R–0			R/W–0		

图 3.19　定时器预定标寄存器

表 3.18　定时器预定标寄存器功能定义

位	名称	功能描述
15~8	PSC	CPU 定时器预定标计数器 PSC 保存当前定时器的预定标值。PSCH：PSC 大于 0 时，每个定时器源时钟周期 PSCH：PSC 递减 1。PSCH：PSC 递减到 0 时，是一个定时器周期（定时器预定标器的输出），并且当 PSCH：PSC 递减到 0 时，PSCH：PSC 使用 TDDRH：TDDR 内的值重新装载，定时器计数器减 1。只要软件将定时器的重新装载位置 1，PSCH：PSC 也会重新装载。可以读取 PSCH：PSC 内的值，但不能直接写这些位，必须从分频计数寄存器（TDDRH：TDDR）获取要装载的值。复位时 PSCH：PSC 清零
7~0	TDDR	CPU 定时器分频寄存器 每隔（TDDRH：TDDR+1）个定时器源时钟周期，定时器计数寄存器（TIMH：TIM）减 1；复位时 TDDRH：TDDR 清零。当 PSCH：PSC 等于 0 时，一个定时器源时钟周期后，重新将 TDDRH：TDDR 内的内容装载到 PSCH：PSC，TIMH：TIM 减 1。当软件将定时器的重新装载位（TRB）置 1 时，PSCH：PSC 也会重新装载

3.2　通用输入输出（GPIO）

在 F2812 数字信号处理器上提供了多个通用目的数字量 I/O 引脚，这些引脚绝大部分是多功能复用引脚，通过 GPIO MUX 寄存器来选择配置具体的功能。这些数字量 I/O 引脚可以独立操作也可以作为外设 I/O 信号（通过 GPxMUX 寄存器配置）使用。如果引脚工作在数字量 I/O 模式，通过方向控制寄存器（GPxDIR）控制数字 I/O 的方向，并可以通过量化寄存器（GPxQUAL）量化输入信号，消除外部噪声信号，如表 3.19 所示。

表 3.19 通用 I/O 寄存器

名称	地址	容量（16 位）	描述
GPAMUX	0x0000 70C0	1	GPIO A 功能选择控制寄存器
GPADIR	0x0000 70C1	1	GPIO A 方向控制寄存器
GPAQUAL	0x0000 70C2	1	GPIO A 输入量化寄存器
保留	0x0000 70C3	1	保留空间
GPBMUX	0x0000 70C4	1	GPIO B 功能选择控制寄存器
GPBDIR	0x0000 70C5	1	GPIO B 方向控制寄存器
GPBQUAL	0x0000 70C6	1	GPIO B 输入量化寄存器
保留	0x0000 70C7 ~ 0x0000 70CB	5	保留空间
GPDMUX	0x0000 70CC	1	GPIO D 功能选择控制寄存器
GPDDIR	0x0000 70CD	1	GPIO D 方向控制寄存器
GPDQUAL	0x0000 70CE	1	GPIO D 输入量化寄存器
保留	0x0000 70CF	1	保留空间
GPEMUX	0x0000 70D0	1	GPIO E 功能选择控制寄存器
GPEDIR	0x0000 70D1	1	GPIO E 方向控制寄存器
GPEQUAL	0x0000 70D2	1	GPIO E 输入量化寄存器
保留	0x0000 70D3	1	保留空间
GPFMUX	0x0000 70D4	1	GPIO F 功能选择控制寄存器
GPFDIR	0x0000 70D5	1	GPIO F 方向控制寄存器
保留	0x0000 70D6 ~ 0x0000 70D7	2	保留空间
GPGMUX	0x0000 70D8	1	GPIO G 功能选择控制寄存器
GPGDIR	0x0000 70D9	1	GPIO G 方向控制寄存器
保留	0x0000 70DA ~ 0x0000 70DF	6	保留空间

　　如果多功能引脚配置成数字量 I/O 模式，芯片将提供寄存器来对相应的引脚进行操作。GPxSET 寄存器设置每个数字量 I/O 信号；GPxCLEAR 寄存器清除每个 I/O 信号；GPxTOGGLE 寄存器反转触发各个 I/O 信号；GPx-DAT 寄存器读/写各数字量 I/O 信号。表 3.20 给出了 GPIO 的数据寄存器。

表 3.20 通用 I/O 的数据寄存器

名称	地址	容量（16 位）	功能描述
GPADAT	0x0000 70E0	1	GPIO A 数据寄存器
GPASET	0x0000 70E1	1	GPIO A 置位寄存器
GPACLEAR	0x0000 70E2	1	GPIO A 清除寄存器
GPATOGGLE	0x0000 70E3	1	GPIO A 取反寄存器
GPBDAT	0x0000 70E4	1	GPIO B 数据寄存器
GPBSET	0x0000 70E5	1	CPIO B 置位寄存器
GPBCLEAR	0x0000 70E6	1	GPIO B 清除寄存器
GPBTOGGLE	0x0000 70E7	1	GPIO B 取反寄存器
保留	0x0000 70E8 ~ 0x0000 70EB	4	保留
GPDDAT	0x0000 70EC	1	GPIO D 数据寄存器
GPDSET	0x0000 70ED	1	GPIO D 置位寄存器
GPDCLEAR	0x0000 70EE	1	GPIO D 清除寄存器
GPDTOGGLE	0x0000 70EF	1	GPIO D 取反寄存器
GPEDAT	0x0000 70F0	1	GPIO E 数据寄存器
GPESET	0x0000 70F1	1	GPIO E 置位寄存器
GPECLEAR	0x0000 70F2	1	GPIO E 清除寄存器
GPETOGGLE	0x0000 70F3	1	GPIO E 取反寄存器
GPFDAT	0x0000 70F4	1	GPIO F 数据寄存器
GPFSET	0x0000 70F5	1	GPIO F 置位寄存器
GPFCLEAR	0x0000 70F6	1	GPIO F 清除寄存器
GPFTOGGLE	0x0000 70F7	1	GPIO F 取反寄存器
GPGDAT	0x0000 70F8	1	GPIO G 数据寄存器
GPGSET	0x0000 70F9	1	GPIO G 置位寄存器
GPGCLEAR	0x0000 70FA	1	GPIO G 清除寄存器
GPGTOGGLE	0x0000 70FB	1	GPIO G 取反寄存器
保留	0x0000 70FC ~ 0x0000 70FF	4	保留

由于 F2812 数字信号处理器采用多功能复用引脚，因此，在应用过程中需要进行选择配置，各功能选择框图如图 3.20 所示。

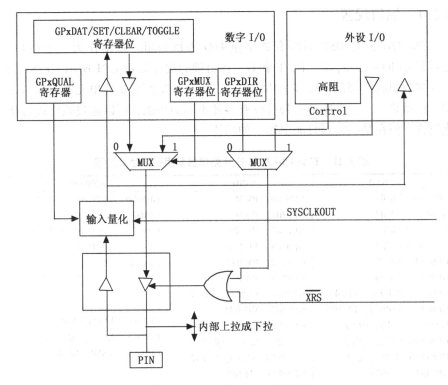

图 3.20 多功能 GPIO 选择框图

在使用过程中，无论选择何种模式都可以通过 GPxDAT 寄存器读取相应引脚的状态。GPxQUAL 寄存器用来量化采样周期。输入信号首先与内核时钟（SYSCLKOUT）同步，通过量化寄存器进行量化输出。由于输入信号相对来讲是一个异步信号，因此在与 SYSCLKOUT 同步时最多会有一个 SYSCLKOUT 延时。采样窗口是 6 个采样周期宽度，只有当所有采样的数据相同时，输出才会改变，如图 3.21 所示。这个功能可以有效地消除输入信号的毛刺脉冲的干扰。

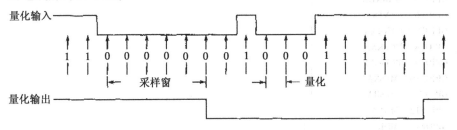

图 3.21 输入信号量化时钟信号

3.2.1 端口配置

TMS320F2812 DSP 对所有数字量 I/O 进行分组，每组作为一个端口，分别是 GPIO-A，B，D，E，F 和 G，各引脚的功能如表 3.21 所示。F28x 的绝大多数引脚内部都连接多个功能单元，但并不是所有功能单元都能同时工作。也就是说，一个物理引脚可以有多种不同的功能，可以通过软件进行功能设置，但在某一时刻只能用作一种功能。

表 3.21 TMS320F2812 信号处理器复用引脚功能对照

GPIO A	GPIO B	GPIO D
GPIOA0 / PWM1	GPIOB0 / PWM7	GPIOD0 / T1CTRIP_ PDPINTA
GPIOA1 / PWM2	GPIOB1 / PWM8	GPIOD1 / T2CTRIP / EVASOC
GPIOA2 / PWM3	GPIOB2 / PWM9	GPIOD5 / T3CTRIP_ PDPINTB
GPIOA3 / PWM4	GPIOB3 / PWM10	GPIOD6 / T4CTRIP / EVBSOC
GPIOA4 / PWM5	GPIOB4 / PWM11	GPIO E
GPIOA5 / PWM6	GPIOB5 / PWM12	
GPIOA6 / T1PWM_ T1CMP	GPIOB6 / T3PWM_ T3CMP	
GPIOA7 / T2PWM_ T2CMP	GPIOB7 / T4PWM_ T4CMP	GPIOE0 / XINT1_ XBIO
GPIOA8 / CAP1_ QEP1	GPIOB8 / CAP4_ QEP3	GPIOE1 / XINT2_ ADCSOC
GPIOA9 / CAP2_ QEP2	GPIOB9 / CAP5_ QEP4	GPIOE2 / XNMI_ XINT13
GPIOA10 / CAP3_ QEP3	GPIOB10 / CAP6_ QEP12	
GPIOA11 / TDIRA	GPIOB11 / TDIRB	
GPIOA12 / TCLKINA	GPIOB12 / TCLKINB	
GPIOA13 / C1TRIP	GPIOB13 / C4TRIP	
GPIOA14 / C2TRIP	GPIOB14 / C5TRIP	
GPIOA15 / C3TRIP	GPIOB15 / C6TRIP	
GPIO F	GPIO G	
GPIOF0 / SPISIMOA	GPIOG4 / SCITXDB	说明：
GPIOF1 / SPISOMIA	GPIOG5 / SCIRXDB	复位后默认 GPIO 功能
GPIOF2 / SPICLKA		GPIO A，B，D，E 包含输入量
GPIOF3 / SPISTEA		化功能
GPIOF4 / SCITXDA		
GPIOF5 / SCIRXDA		
GPIOF6 / CANTXA		
GPIOF7 / CANRXA		
GPIOF8 / MCLKXA		
GPIOF9 / MCLKRA		
GPIOF10 / MFSXA		
GPIOF11 / MFSRA		
GPIOF12 / MDXA		
GPIOF13 / MDRA		
GPIOF14 / XF		

　　端口 A，B，D，E 作为数字量输入端口时具有输入量化功能，使用该功能时，输入脉冲必须达到一定的时钟周期长度才被认为是有效的输入信号，否则将被忽略。所有 GPIO 端口由各自的 GPxMUX 复用寄存器控制，控制位设置为 0 时，相应引脚作为通用数字量 I/O 使用；设置为 1 时，相应引脚作为专用引脚使用。当设置为数字量 I/O 功能时，寄存器 GPxDIR 确定 I/O 端口的方向：控制位清零引脚配置为数字量输入；置 1 配置为数字量输出。具有输入量化功能的引脚，用户可以定义量化时间长度以消除不必要的干扰信号，如图 3.22 所示。

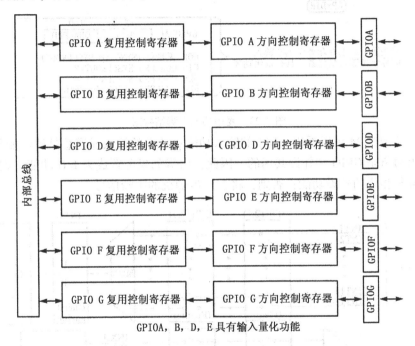

GPIOA，B，D，E 具有输入量化功能

图 3.22　GPIO 控制寄存器

　　图 3.23 为 TMS320F2812 DSP 的 I/O 端口内部结构框图，由图 3.23 可以看出上述各寄存器在 I/O 功能配置中的作用及内部的连接关系。

3.2.2　GPIO 寄存器

3.2.2.1　GPIO MUX 寄存器

　　每个 I/O 口都有一个功能选择寄存器。功能选择寄存器配置 I/O 工作在外设操作模式或数字量 I/O 模式。在复位时所有 GPIO 配置成 I/O 功能。

　　如果 GPxMUX.bit=0，配置为 I/O 功能；

　　如果 GPxMUX.bit=1，配置为外设功能。

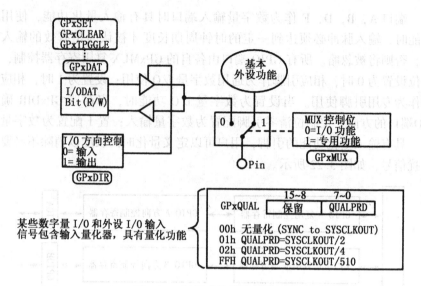

图 3.23　复用功能引脚结构图

从图 3.24 可以看出，I/O 的输入功能和外设的输入通道总是被使能的，输出通道是 GPIO 和外设共用的。因此，引脚如果配置成为 I/O 功能，就必须屏蔽相应的外设功能；否则，将会产生随机的中断信号。

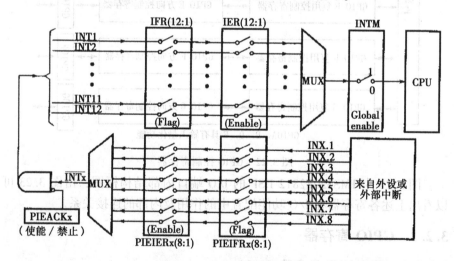

图 3.24　中断扩展模块图

3.2.2.2　GPxDIR 寄存器

每个 I/O 口都有方向控制寄存器，用来配置 I/O 的方向（输入/输出）。复位时，所有 GPIO 为输入。

如果 GPxDIR.bit=0，引脚配置为数字量输入；

如果 GPxDIR.bit=1，引脚配置为数字量输出。

3.2.2.3 GPxDAT 寄存器

每个 I/O 口都有数据寄存器。数据寄存器是可读/写寄存器，如果 I/O 配置为输入，反映当前经过量化后 I/O 输入信号的状态。如果 I/O 配置为输出，向寄存器写值设定 I/O 的输出。

如果 GPxDAT.bit=0，且设置为输出功能，将相应的引脚拉低；

如果 GPxDAT.bit=1，且设置为输出功能，将相应的引脚拉高。

3.2.2.4 GPxSET 寄存器

每个 I/O 口都有一个设置寄存器，该寄存器是只写寄存器，任何读操作都返回 0。如果相应的引脚配置成数字量输出，写 1 后相应的引脚将被拉高，写 0 时没有影响。

如果 GPxSET.bit=0，没有影响；

如果 GPxSET.bit=1，且引脚设置为输出，将相应的引脚置成高电平。

3.2.2.5 GPxCLEAR 寄存器

每个 I/O 口都有一个清除寄存器，该寄存器是只写寄存器，任何读操作都返回 0。如果相应的引脚配置成数字量输出，写 1 后相应的引脚将被拉低，写 0 时没有影响。

如果 GPxCLEAR.bit=0，没有影响；

如果 GPxCLEAR.bit=1，且引脚设置为输出，将相应的引脚置成低电平。

3.2.2.6 GPxTOGGLE 寄存器

每个 I/O 口都有一个反转触发寄存器，该寄存器是只写寄存器，任何读操作都返回 0。

如果相应的引脚配置成数字量输出，写 1 后相应的引脚信号将被取反。写 0 时没有影响。

如果 GPxTOGGLE.bit=0，没有影响；

如果 GPxTOGGLE.bit=1，且引脚设置为输出，将相应的引脚取反。

3.3 外设中断扩展模块

外设中断扩展模块（PIE）中多个中断源复用几个中断输入信号，PIE 最多可支持 96 个中断，其中 8 个中断分成一组，复用一个 CPU 中断，总共有 12 组中断（INT1 到 INT12）。每个中断都会有自己的中断向量存放在

RAM 中，构成整个系统的中断向量表，用户可以根据需要适当地对中断向量表进行调整。在响应中断时，CPU 将自动从中断向量表中获取相应的中断向量。CPU 获取中断向量和保存重要的寄存器需要花费 9 个 CPU 时钟周期。因此，CPU 能够快速地响应中断。此外，中断的极性可以通过硬件和软件进行控制，每一个中断也可以在 PIE 模块内使能或屏蔽。

3.3.1　PIE 控制器概述

F2812 CPU 支持 17 个 CPU 级中断，其中包括一个不可屏蔽中断（NMI）和 16 个可屏蔽中断（INT1 ~ INT14，RTOSINT 和 DLOGINT）。F2812 器件还有很多外设，每个外设都会产生一个或者多个外设级中断。由于 CPU 没有能力处理所有 CPU 级的中断请求，因此需要一个中断扩展控制器来仲裁这些中断。系统中 PIE 向量表是存放每个中断服务程序的地址，每个中断都有自己的中断向量，在系统初始化时，需要定位中断向量表，在操作过程中也可对中断向量表的位置进行调整。中断扩展模块图如图 3.24 所示。

3.3.1.1　外设级中断

外设产生中断时，中断标志寄存器（IF）相应的位将被置 1，如果中断使能寄存器（IE）中相应的使能位也被置位、则外设产生的中断将向 PIE 控制器发出中断申请。如果外设级中断没有被使能，中断标志寄存器的标志值将保持不变，除非采用软件清除。如果中断产生后才被使能，且中断标志位没有清除，同样会向 PIE 申请中断。需要注意的是，外设寄存器的中断标志必须采用软件进行清除。

3.3.1.2　PIE 级中断

PIE 模块复用 8 个外设中断引脚向 CPU 申请中断，这些中断被分成 12 组，每一组有一个中断信号向 CPU 申请中断。例如，PIE 第 1 组复用 CPU 的中断 1（INT1），PIE 第 12 组复用 CPU 的中断 12（INT12），其余的中断直接连接到 CPU 中断上且不复用。

对于不复用的中断，PIE 直接将这些中断连接到 CPU。对于复用中断，在 PIE 模块内每组中断有相应的中断标志位（PIEIFRx. y）和使能位（PIEIERx. y）。除此之外，每组 PIE 中断（INT1 ~ INT12）有一个响应标志位（PIEACK）。PIEACK 和 PIEIER 不同设置时，PIE 硬件的操作如图 3.25 所示。

一旦 PIE 控制器有中断产生，相应的中断标志位（PIEIFRx. y）将被置 1。如果相应的 PIE 中断使能位也被置 1，PIE 将检查相应的 PIEACKx，确定 CPU 是否准备响应该中断。如果相应的 PIEACKx 被清零，PIE 将向 CPU 申请中断。如果 PIEACKx 被置 1，PIE 将等待直到相应的 PIEACKx 被清零

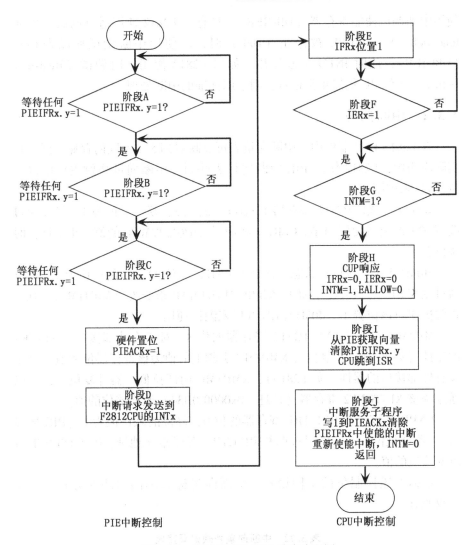

图 3.25 典型的 PIE/CPU 响应流程图

才向 CPU 申请中断。

3.3.1.3 CPU 级中断

一旦向 CPU 申请中断，CPU 级中断标志（IFR）位将被置 1。中断标志位锁存到标志寄存器后，只有 CPU 中断使能寄存器（IER）或中断调试使能寄存器（DBGIER）相应的使能位和全局中断屏蔽位（INTM）被使能时才会响应中断申请。

CPU 级使能可屏蔽中断，采用 CPU 中断使能寄存器（IER）还是中断调试使能寄存器（DBGIER）与中断处理方式有关。在标准处理模式下，不使用中断调试使能寄存器（DBGIER）。只有当 F2812 使用适时调试（Real-time Debug），且 CPU 被停止（Halt）时，才使用中断调试使能寄存器（DBGIER），此时 INTM 不起作用。如果 F2812 使用适时调试（Real-time Debug），而 CPU 仍然正常运行，则采用标准的中断处理。

3.3.2 中断向量

在 F2812 DSP 器件中，中断向量表可以映射到 5 个不同的存储空间。在实际应用中，F2812 使用 PIE 中断向量表映射。中断向量映射主要由以下位/信号来控制。

WMAP：该位在状态寄存器 1（ST1）的位 3，复位后值为 1。可以通过改变 ST1 的值或使用 SETC/CLRC VMAP 指令改变 WMAP 的值，正常操作时该位置 1。

M0M1MAP：该位在状态寄存器 1（STl）的位 11，复位后值为 1。可以通过改变 ST1 的值或使用 SETC/CLRC M0M1MAP 指令改变 M0M1MAP 的值，正常操作时该位置 1。M0M1MAP=0 厂家测试使用。

MP/MC：该位在 XINTCNF2 寄存器的位 8。对于有外部接口（XINTF）的器件（如 F2812），复位时 XMP/MC 引脚上的值为该寄存器位的值。对于没有外部接口的器件（如 F2810），XMP/MC 内部拉低。器件复位后，可以通过调整 XINTCNF2 寄存器（地址：0x0000 0B34）改变该位的值。

ENPIE：该位在 PIECTRL 寄存器的位 0，复位的默认值为 0（PIE 被屏蔽）。器件复位后，可以通过调整 PIECTRL 寄存器（地址：0x 0000 0CE0）改变该位的值。

依据上述控制位的不同设置，中断向量标有不同的映射方式，如表 3.22 所示。

表 3.22 中断向量表映射配置表

向量映射	向量获取位置	地址范围	WMAP	M0M1MAP	MP/MC	ENPIE
M1 向量	M1 SARAM	0x000000~0x00003F	0	0	X	X
M0 向量	M0 SARAM	0x000000~0x00003F	0	1	X	X
BROM 向量	ROM	0x3FFFC0~0x3FFFFF	1	X	0	0
XINTF 向量	XINTFZone 7	0x3FFFC0~0x3FFFFF	1	X	1	0
PIE 向量	PIE	0x000D00~0x000DFF	1	X	X	1

保留 M1 和 M0 向量表映射，只供 TI 测试使用。当用其他向量表映射时，M0 和 M1 存储器作为 RAM 使用，可以随意使用，没有任何限制。复位

后器件默认的向量映射如表 3.23 所示。

表 3.23 复位后中断向量表映射配置表

向量映射	向量获取位置	地址范围	WMAP	M0M1MAP	MP/MC	ENPIE
BROM 向量	ROM	0x3FFFC0~0x3FFFFF	1	X	0	0
XINTF 向量	XINTF Zone 7	0x3FFFC0~0x3FFFFF	1	X	1	0

复位程序引导（boot）完成后，用户需要重新初始化 PIE 中断向量表，应用程序使能 PIE 中断向量表，中断将从 PIE 向量表中获取向量。带要注意的是，当器件复位时，总是从上表中的向量表中获取复位向量。复位完成后，PIE 向量表将被屏蔽。图 3.26 给出了向量表映射分配过程。PIE 中断向量表如表 3.24 所示。

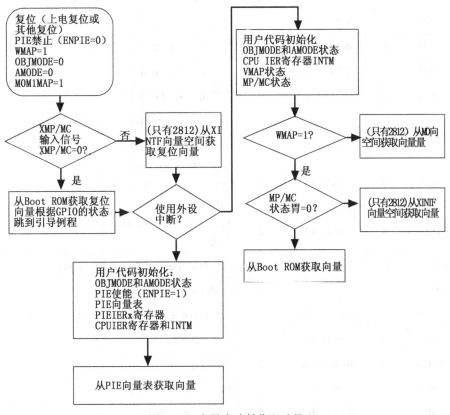

图 3.26 向量表映射分配过程

表 3. 24   PIE 中断向量表

名称	向量 ID 号	地址	占空间 16 位	描述	CPU 优先级	PIE 分组 优先级
Reset	0	0x0000 0D00	2	Reset 总是从引导 ROM 或 XINTF Zone 7 空间的 0x003F FFC0 地址获取	1 （最高）	—
INT1	1	0x0000 0D02	2	不使用，参考 PIE 组 1	5	—
INT2	2	0x0000 0D04	2	不使用，参考 PIE 组 2	6	—
INT3	3	0x0000 0D06	2	不使用，参考 PIE 组 3	7	—
INT4	4	0x0000 0D08	2	不使用，参考 PIE 组 4	8	—
INT5	5	0x0000 0D0A	2	不使用，参考 PIE 组 5	9	—
INT6	6	0x0000 0D0C	2	不使用，参考 PIE 组 6	10	—
INT7	7	0x0000 0D0E	2	不使用，参考 PIE 组 7	11	—
INT8	8	0x0000 0D10	2	不使用，参考 PIE 组 8	12	—
INT9	9	0x0000 0D12	2	不使用，参考 PIE 组 9	13	—
INT10	10	0x0000 0D14	2	不使用，参考 PIE 组 10	14	—
INT11	11	0x0000 0D16	2	不使用，参考 PIE 组 11	15	—
INT12	12	0x0000 0D18	2	不使用，参考 PIE 组 12	16	—
INT13	13	0x0000 0D1A	2	外部中断 13（XINT13）或 CPU 定时器 1（T1/RTOS 使用）	17	—
INT14	14	0x0000 0D1C	2	CPU 定时器 2（T1/RTOS 使用）	18	—
DATALOG	15	0x0000 0D1E	2	CPU 数据 Logging 中断	19（最低）	—
RTOSINT	16	0x0000 0D20	2	适时操作系统中断	4	—
EMUINT	17	0x0000 0D22	2	CPU 仿真中断	2	—
NMI	18	0x0000 0D24	2	不可屏蔽中断	3	—
ILLIGAL	19	0x0000 0D26	2	非法操作	—	—
USER1	20	0x0000 0D28	2	用户定义的陷阱（Trap）	—	—
USER2	21	0x0000 0D2A	2	用户定义的陷阱（Trap）	—	—

续表

名称	向量 ID 号	地址	占空间 16 位	描述	CPU 优先级	PIE 分组 优先级
USER3	22	0x0000 0D2C	2	用户定义的陷阱（Trap）	—	—
USER4	23	0x0000 0D2E	2	用户定义的陷阱（Trap）	—	—
USER5	24	0x0000 0D30	2	用户定义的陷阱（Trap）	—	—
USER6	25	0x0000 0D32	2	用户定义的陷阱（Trap）	—	—
USER7	26	0x0000 0D34	2	用户定义的陷阱（Trap）	—	—
USER8	27	0x0000 0D36	2	用户定义的陷阱（Trap）	—	—
USER9	28	0x0000 0D38	2	用户定义的陷阱（Trap）	—	—
USER10	29	0x0000 0D3A	2	用户定义的陷阱（Trap）	—	—
USER11	30	0x0000 0D3C	2	用户定义的陷阱（Trap）	—	—
USER12	31	0x0000 0D3E	2	用户定义的陷阱（Trap）	—	—
PIE 组 1 向量—公用 CPU INT 1						
INT1.1	32	0x0000 0D40	2	PDPINTA（事件管理器 A）	5	1（最高）
INT1.2	33	0x0000 0D42	2	PDPINTB（事件管理器 B）	5	2
INT1.3	34	0x0000 0D44	2	保留	5	3
INT1.4	35	0x0000 0D46	2	XINT1	5	4
INT1.5	36	0x0000 0D48	2	XINT2	5	5
INT1.6	37	0x0000 0D4A	2	ADCINT（ADC 模块）	5	6
INT1.7	38	0x0000 0D4C	2	TINT0（CPU 定时器 0）	5	7
INT1.8	39	0x0000 0D4E	2	WAKEINT（LPM/WD）	5	8（最低）
PIE 组 2 向量—公用 CPU INT 2						
INT2.1	40	0x0000 0D50	2	CMP1INT（事件管理器 A）	6	1（最高）
INT2.2	41	0x0000 0D52	2	CMP2INT（事件管理器 A）	6	2
INT2.3	42	0x0000 0D54	2	CMP3INT（事件管理器 A）	6	3
INT2.4	43	0x0000 0D56	2	T1PINT（事件管理器 A）	6	4
INT2.5	44	0x0000 0D58	2	T1CINT（事件管理器 A）	6	5
INT2.6	45	0x0000 0D5A	2	T1UFINT（事件管理器 A）	6	6
INT2.7	46	0x0000 0D5C	2	T1OFINT（事件管理器 A）	6	7
INT2.8	47	0x0000 0D5E	2	保留	6	8（最低）
PIE 组 3 向量—公用 CPU INT 3						
INT3.1	48	0x0000 0D60	2	T2PINT（事件管理器 A）	7	1（最高）

续表

名称	向量 ID 号	地址	占空间 16 位	描述	CPU 优先级	PIE 分组 优先级
INT3.2	49	0x0000 0D62	2	T2CINT（事件管理器 A）	7	2
INT3.3	50	0x0000 0D64	2	T2UFINT（事件管理器 A）	7	3
INT3.4	51	0x0000 0D66	2	T2OFINT（事件管理器 A）	7	4
INT3.5	52	0x0000 0D68	2	CAPINT1（事件管理器 A）	7	5
INT3.6	53	0x0000 0D6A	2	CAPINT2（事件管理器 A）	7	6
INT3.7	54	0x0000 0D6C	2	CAPINT3（事件管理器 A）	7	7
INT3.8	55	0x0000 0D6E	2	保留	7	8（最低）
PIE 组 4 向量—公用 CPU INT 4						
INT4.1	56	0x0000 0D70	2	CMP4INT（事件管理器 B）	8	1（最高）
INT4.2	57	0x0000 0D72	2	CMP5INT（事件管理器 B）	8	2
INT4.3	58	0x0000 0D74	2	CMP6INT（事件管理器 B）	8	3
INT4.4	59	0x0000 0D76	2	T3PINT（事件管理器 B）	8	4
INT4.5	60	0x0000 0D78	2	T3CINT（事件管理器 B）	8	5
INT4.6	61	0x0000 0D7A	2	T3UFINT（事件管理器 B）	8	6
INT4.7	62	0x0000 0D7C	2	T3OFINT（事件管理器 B）	8	7
INT4.8	63	0x0000 0D7E	2	保留	8	8（最低）
PIE 组 5 向量—公用 CPU INT 5						
INT5.1	64	0x0000 0D80	2	T4PINT（事件管理器 B）	9	1（最高）
INT5.2	65	0x0000 0D82	2	T4CINT（事件管理器 B）	9	2
INT5.3	66	0x0000 0D84	2	T4UFINT（事件管理器 B）	9	3
INT5.4	67	0x0000 0D86	2	T4OFINT（事件管理器 B）	9	4
INT5.5	68	0x0000 0D88	2	CAPINT4（事件管理器 B）	9	5
INT5.6	69	0x0000 0D8A	2	CAPINT5（事件管理器 B）	9	6
INT5.7	70	0x0000 0D8C	2	CAPINT6（事件管理器 B）	9	7
INT5.8	71	0x0000 0D8E	2	保留	9	8（最低）
PIE 组 6 向量—公用 CPU INT 6						
INT6.1	72	0x0000 0D90	2	SPIRXINTA（SPI 模块）	10	1（最高）
INT6.2	73	0x0000 0D92	2	SPITXINTA（SPI 模块）	10	2
INT6.3	74	0x0000 0D94	2	保留	10	3
INT6.4	75	0x0000 0D96	2	保留	10	4

续表

名称	向量 ID 号	地址	占空间 16 位	描述	CPU 优先级	PIE 分组 优先级
INT6.5	76	0x0000 0D98	2	MRINT（McBSP 模块）	10	5
INT6.6	77	0x0000 0D9A	2	MXINT（McBSP 模块）	10	6
INT6.7	78	0x0000 0D9C	2	保留	10	7
INT6.8	79	0x0000 0D9E	2	保留	10	8（最低）
PIE 组 7 向量—公用 CPU INT 7						
INT7.1	80	0x0000 0DA0	2	保留	11	1（最高）
INT7.2	81	0x0000 0DA2	2	保留	11	2
INT7.3	82	0x0000 0DA4	2	保留	11	3
INT7.4	83	0x0000 0DA6	2	保留	11	4
INT7.5	84	0x0000 0DA8	2	保留	11	5
INT7.6	85	0x0000 0DAA	2	保留	11	6
INT7.7	86	0x0000 0DAC	2	保留	11	7
INT7.8	87	0x0000 0DAE	2	保留	11	8（最低）
PIE 组 8 向量—公用 CPU INT 8						
INT8.1	88	0x0000 0DB0	2	保留	12	1（最高）
INT8.2	89	0x0000 0DB2	2	保留	12	2
INT8.3	90	0x0000 0DB4	2	保留	12	3
INT8.4	91	0x0000 0DB6	2	保留	12	4
INT8.5	92	0x0000 0DB8	2	保留	12	5
INT8.6	93	0x0000 0DBA	2	保留	12	6
INT8.7	94	0x0000 0DBC	2	保留	12	7
INT8.8	95	0x0000 0DBE	2	保留	12	8（最低）
PIE 组 9 向量—公用 CPU INT 9						
INT9.1	96	0x0000 0DC0	2	SCIRXINTA（SCI-A 模块）	13	1（最高）
INT9.2	97	0x0000 0DC2	2	SCITXINTA（SCI-A 模块）	13	2
INT9.3	98	0x0000 0DC4	2	SCIRXINTB（SCI-B 模块）	13	3
INT9.4	99	0x0000 0DC6	2	SCITXINTB（SCI-B 模块）	13	4
INT9.5	100	0x0000 0DC8	2	ECAN0INT（ECAN 模块）	13	5
INT9.6	101	0x0000 0DCA	2	ECAN1INT（ECAN 模块）	13	6
INT9.7	102	0x0000 0DCC	2	保留	13	7

续表

名称	向量 ID 号	地址	占空间 16 位	描述	CPU 优先级	PIE 分组 优先级
INT9.8	103	0x0000 0DCE	2	保留	13	8（最低）
PIE 组 10 向量—公用 CPU INT 10						
INT10.1	104	0x0000 0DD0	2	保留	14	1（最高）
INT10.2	105	0x0000 0DD2	2	保留	14	2
INT10.3	106	0x0000 0DD4	2	保留	14	3
INT10.4	107	0x0000 0DD6	2	保留	14	4
INT10.5	108	0x0000 0DD8	2	保留	14	5
INT10.6	109	0x0000 0DDA	2	保留	14	6
INT10.7	110	0x0000 0DDC	2	保留	14	7
INT10.8	111	0x0000 0DDE	2	保留	14	8（最低）
PIE 组 11 向量—公用 CPU INT 11						
INT11.1	112	0x0000 0DD0	2	保留	15	1（最高）
INT11.2	113	0x0000 0DD2	2	保留	15	2
INT11.3	114	0x0000 0DD4	2	保留	15	3
INT11.4	115	0x0000 0DD6	2	保留	15	4
INT11.5	116	0x0000 0DD8	2	保留	15	5
INT11.6	117	0x0000 0DDA	2	保留	15	6
INT11.7	118	0x0000 0DDC	2	保留	15	7
INT11.8	119	0x0000 0DDE	2	保留	15	8（最低）
PIE 组 12 向量—公用 CPU INT 12						
INT12.1	120	0x0000 0DD0	2	保留	16	1（最高）
INT12.2	121	0x0000 0DD2	2	保留	16	2
INT12.3	122	0x0000 0DD4	2	保留	16	3
INT12.4	123	0x0000 0DD6	2	保留	16	4
INT12.5	124	0x0000 0DD8	2	保留	16	5
INT12.6	125	0x0000 0DDA	2	保留	16	6
INT12.7	126	0x0000 0DDC	2	保留	16	7
INT12.8	127	0x0000 0DDE	2	保留	16	8（最低）

外设中断和外部中断分组连接到 PIE 模块，如表 3.25 所示，每行表示

8 个中断复用一个 CPU 中断。

表 3.25 PIE 中断分组情况

CPU 中断	PIE 中断							
	INTx. 8	INTx. 7	INTx. 6	INTx. 5	INTx. 4	INTx. 3	INTx. 2	INTx. 1
INT1. y	$\overline{\text{WAKEINT}}$ (LPM/WD)	TINT0 (TIMER0)	ADCINT (ADC)	XINT2	XINT1	保留	PDPINTB (EV-B)	PDPINTA (EV-A)
INT2. y	保留	T1OFINT (EV-A)	T1UFINT (EV-A)	T1CINT (EV-A)	T1PINT (EV-A)	CMP3INT (EV-A)	CMP2INT (EV-A)	CMP1INT (EV-A)
INT3. y	保留	CAPINT3 (EV-A)	CAPINT2 (EV-A)	CAPINT1 (EV-A)	T2OFINT (EV-A)	T2UFINT (EV-A)	T2CINT (EV-A)	T2PINT (EV-A)
INT4. y	保留	T3OFINT (EV-B)	T3UFINT (EV-B)	T3CINT (EV-B)	T3PINT (EV-B)	CMP61NT (EV-B)	CMP5INT (EV-B)	CMP4INT (EV-B)
INT5. y	保留	CAPINT6 (EV-B)	CAPINT5 (EV-B)	CAPINT4 (EV-B)	T4OFINT (EV-B)	T4UFINT (EV-B)	T4CINT (EV-B)	T4PINT (EV-B)
INT6. y	保留	保留	MXINT (McBSP)	MRINT (McBSP)	保留	保留	SPITXINTA (SPI)	SPIRXINTA (SPI)
INT7. y	保留	保留	保留	保留	保留	保留	保留	保留
INT8. y	保留	保留	保留	保留	保留	保留	保留	保留
INT9. y	保留	保留	ECAN1INT (ECAN)	ECAN0INT (ECAN)	SCITXINTB (SCI-B)	SCIRXINTB	SCITXINTA (SCI-A)	SCIRXINTA (SCI-A)
INT10. y	保留	保留	保留	保留	保留	保留	保留	保留
INT11. y	保留	保留	保留	保留	保留	保留	保留	保留
INT12. y	保留	保留	保留	保留	保留	保留	保留	保留

3.3.3 PIE 中断寄存器

表 3.26 给出了所有外设中断控制寄存器。

表 3.26 PIE 寄存器

名称	地址	占用空间	描述
PIECTRL	0x0000 0CE0	1	PIE，控制寄存器
PIEACK	0x0000 0CE1	1	PIE，响应寄存器
PIEIER1	0x0000 0CE2	1	PIE，INT1 组使能寄存器

续表

名称	地址	占用空间	描述
PIEIFR1	0x0000 0CE3	1	PIE, INT1 组标志寄存器
PIEIER2	0x0000 0CE4	1	PIE, INT2 组使能寄存器
PIEIFR2	0x0000 0CE5	1	PIE, INT2 组标志寄存器
PIEIER3	0x0000 0CE6	1	PIE, INT3 组使能寄存器
PIEIFR3	0x0000 0CE7	1	PIE, INT3 组标志寄存器
PIEIER4	0x0000 0CE8	1	PIE, INT4 组使能寄存器
PIEIFR4	0x0000 0CE9	1	PIE, INT4 组标志寄存器
PIEIER5	0x0000 0CEA	1	PIE, INT5 组使能寄存器
PIEIFR5	0x0000 0CEB	1	PIE, INT5 组标志寄存器
PIEIER6	0x0000 0CEC	1	PIE, INT6 组使能寄存器
PIEIFR6	0x0000 0CED	1	PIE, INT6 组标志寄存器
PIEIER7	0x0000 0CEE	1	PIE, INT7 组使能寄存器
PIEIFR7	0x0000 0CEF	1	PIE, INT7 组标志寄存器
PIEIER8	0x0000 0CF0	1	PIE, INT8 组使能寄存器
PIEIFR8	0x0000 0CF1	1	PIE, INT8 组标志寄存器
PIEIER9	0x0000 0CF2	1	PIE, INT9 组使能寄存器
PIEIFR9	0x0000 0CF3	1	PIE, INT9 组标志寄存器
PIEIER10	0x0000 0CF4	1	PIE, INT10 组使能寄存器
PIEIFR10	0x0000 0CF5	1	PIE, INT10 组标志寄存器
PIEIER11	0x0000 0CF6	1	PIE, INT11 组使能寄存器
PIEIFR11	0x0000 0CF7	1	PIE, INT11 组标志寄存器
PIEIER12	0x0000 0CF8	1	PIE, INT12 组使能寄存器
PIEIFR12	0x0000 0CF9	1	PIE, INT12 组标志寄存器
保留	0x0000 0CFA ~ 0x0000 0CFF	6	保留

3.3.3.1 PIE 控制寄存器 (PIECTRL)

图 3.27 和表 3.27 显示了 PIE 控制寄存器 (PIECTRL) 的位情况。

15							1	0
			PIEVECT					ENPIE
			R-0					R/W-0

图 3.27 PIE 控制寄存器 (PIECTRL)

注: R 为可读, R/W 为可写, -0 为复位后的值。

表 3.27 PIE 控制寄存器 (PIECTRL)

位	名称	说明
15~1	PIEVECT	这些位保存从 PIE 向量表中取回的向量地址。最低位忽略，只显示位 1 到位 15 地址。用户可以读取向量值，以确定哪一个外设或外部引脚产生的中断。例如，如果 PIECTRL=0x0D27，则从地址 0x0D26（非法操作中断入口）处读取向量
0	ENPIE	使能从 PIE 中取向量。当该位置 1 时，所有向量都取自 PIE 向量表。如果该位置 0，PIE 块无效，向量从引导 ROM 或 XINTF7 区的 CPU 向量表中取出。即使 PIE 块无效，所有 PIE 块寄存器 (PIEACK, PIEIFR, PIEIER) 也可以被访问 注意：即使 PIE 使能，复位向量不会从 PIE 中取出。复位向量总是从引导 ROM 或 XINTF7 区中读取，这由 XMP/MC 输入信号决定

3.3.3.2 PIE 中断应答寄存器 (PIEACK)

图 3.28 和表 3.28 显示了 PIE 中断应答寄存器 (PIEACK) 的位情况。

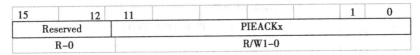

图 3.28 PIE 中断应答寄存器 (PIEACK)
注：R 为可读，R/W 为可写，-0 为复位后的值。

表 3.28 PIE 中断应答寄存器 (PIEACK)

位	名称	说明
15~12	Reserved	保留
11~0	PIEACKx	如果在组中中断里有一个中断是未处理的，向各自的中断位写 1，使 PIE 块驱动一个脉冲进入核中断输入。读取该寄存器，它将显示出在各个中断组中是否有未处理的中断。位 0 对应 INT1……位 11 对应 INT12 注意，写 0 无效

3.3.3.3 PIE 中断标志寄存器 (PIEIFRx)

PIE 模块中有 12 个 PIEIFR 寄存器，每个寄存器对应 CPU 的一个中断。图 3.29 和表 3.29 显示了 PIE 中断标志寄存器 (PIEIFRx) 的位情况。

15							8
Reserved							
R-0							
7	6	5	4	3	2	1	0
INTx.8	INTx.7	INTx.6	INTx.5	INTx.4	INTx.3	INTx.2	INTx.1
R/W-0	R/W-0	R/W-0	R/W-0	R/W-0	R/W-0	R/W-0	R/W-0

图 3.29 PIE 中断标志寄存器（PIEIFRx）
注：R 为可读，R/W 为可写，-0 为复位后的值。

表 3.29 中断标志寄存器（PIEIFRx）

位	名称	说明
15~8	Reserved	保留
7	INTx.8	这些寄存器位表示当前是否有中断。它们的作用与 CPU 中断标志寄存器类似。当一个中断有效时，对应的寄存器位置 1。当一个中断被服务或向该寄存器写 0，该位清 0。读这些寄存器位可以确定哪一个中断有效或未处理 x=1~12，INTx 表示 CPU 的 INT1~INT12
6	INTx.7	
5	INTx.6	
4	INTx.5	
3	INTx.4	
2	INTx.3	
1	INTx.2	
0	INTx.1	

注：(1) 上述所有寄存器复位时都置位；
(2) CPU 访问 PIEIFR 寄存器时，有硬件优先级；
(3) 在取回中断向量的过程中，PIEIFR 寄存器位清 0。

3.3.3.4 PIE 中断使能寄存器（PIEIER）

PIE 模块中有 12 个 PIEIER 寄存器，每个寄存器对应 CPU 的一个中断。图 3.30 显示了 PIE 中断使能寄存器（PIEIER）的位情况。

15							8
Reserved							
R-0							
7	6	5	4	3	2	1	0
INTx.8	INTx.7	INTx.6	INTx.5	INTx.4	INTx.3	INTx.2	INTx.1
R/W-0	R/W-0	R/W-0	R/W-0	R/W-0	R/W-0	R/W-0	R/W-0

图 3.30 PIE 中断标志寄存器（PIEIERx）
注：R 为可读，R/W 为可写，-0 为复位后的值。

表 3.30 PIE 中断使能寄存器 (PIEIER)

位	名称	说明
15~8	Reserved	保留
7	INTx.8	这些寄存器位分别使能中断组中的一个中断。它们的作用与 CPU 中断使能寄存器类似。写入 1 则对应的中断使能，写入 0 将禁止对应的中断 x=1~12, INTx 表示 CPU 的 INT1~INT12
6	INTx.7	
5	INTx.6	
4	INTx.5	
3	INTx.4	
2	INTx.3	
1	INTx.2	
0	INTx.1	

注：上述所有寄存器复位时都置位。

3.3.3.5 CPU 中断标志寄存器 (IFR)

CPU 中断标志寄存器 (IFR) 是一个 16 位的 CPU 寄存器，它用于识别和清除未处理中断。IFR 包含 CPU 级上所有可屏蔽中断的标志位 (INT1~INT14, DLOGINT 和 RTOSINT)。当 PIE 使能时，PIE 模块复用中断源到 INT1~INT12。

当请求一个可屏蔽中断时，相应外设控制寄存器的标志位置 1，如果相应屏蔽位也是 1，中断请求将被送往 CPU，在 IFR 中设置相应标志位。这表明中断未处理或等待应答。

为了识别未处理中断，先用 PUSH IFR 指令，然后测试堆栈中的值。用 OR IFR 指令设置 IFR 位并且用 AND IFR 指令手动清除未处理中断。所有未处理中断可以用 AND IFR, #0 指令或硬件复位清除。

以下事件也可以清除 IFR 标志。

(1) CPU 应答中断。

(2) TMS320F2812 芯片复位。

还需要注意下列事项：

(1) 为了清除 IFR 位，用户必须向该位写 0，而不是写 1。

(2) 当应答一个可屏蔽中断时，只有 IFR 位自动清除，相应的外设控制寄存器中的标志位不清除。如果应用程序要求控制寄存器标志位清 0，该位必须用软件清 0。

(3) 当 INTR 指令请求一个中断并且相应的 IFR 位置 1 时，CPU 不会自动清除该位。如果应用程序要求 IFR 位清 0，必须用软件清除该位。

(4) IMR 和 IFR 寄存器适用于 CPU 级中断。所有外设在其各自的控制/配置寄存器中都有自己的中断屏蔽和标志位。一个 CPU 级中断对应一组外设中断。

图 3.31 和表 3.31 显示了 CPU 中断标志寄存器（IFR）的位情况。

15	14	13	12	11	10	9	8
RTOSINT	DLOGINT	INT14	INT13	INT12	INT11	INT10	INT9
R/W-0	R/W-0	R/W-0	R/W-0	R/W-0	R/W-0	R/W-0	R/W-0

7	6	5	4	3	2	1	0
INT8	INT7	INT6	INT5	INT4	INT3	INT2	INT1
R/W-0	R/W-0	R/W-0	R/W-0	R/W-0	R/W-0	R/W-0	R/W-0

图 3.31 CPU 中断标志寄存器（IFR）

表 3.31 CPU 中断标志寄存器（IFR）

位	名称	说明
15	RTOSINT	实时操作系统（RTOS）中断标志位。该位是 RTOS 中断的标志 0：没有未处理的 DLOGINT 中断 1：至少有一个 RTOS 中断未处理。向该位写 0 将清零该位并且清除中断请求
14	DLOGINT	数据记录中断标志位。该位是数据记录中断的标志 0：没有未处理的 DLOGINT 中断 1：至少有一个未处理的 DLOGINT 中断。向该位写 0 将清零该位并且清除中断请求
13	INT14	中断 14 标志位。该位是连接到 CPU 中断级 INT14 的中断标志 0：没有未处理的 INT14 中断 1：至少有一个 INT14 中断未处理。向该位写 0 将清零该位并且清除中断请求
12	INT13	中断 13 标志位。该位是连接到 CPU 中断级 INT13 的中断标志 0：没有未处理的 INT13 中断 1：至少有一个 INT13 中断未处理。向该位写 0 将清零该位并且清除中断请求
11	INT12	中断 12 标志位。该位是连接到 CPU 中断级 INT12 的中断标志 0：没有未处理的 INT12 中断 1：至少有一个 INT112 中断未处理。向该位写 0 将清零该位并且清除中断请求
10	INT11	中断 11 标志位。该位是连接到 CPU 中断级 INT11 的中断标志 0：没有未处理的 INT11 中断 1：至少有一个 INT11 中断未处理。向该位写 0 将清零该位并且清除中断请求
9	INT10	中断 10 标志位。该位是连接到 CPU 中断级 INT10 的中断标志 0：没有未处理的 INT10 中断 1：至少有一个 INT10 中断未处理。向该位写 0 将清零该位并且清除中断请求

续表

位	名称	说明
8	INT9	中断 9 标志位。该位是连接到 CPU 中断级 INT9 的中断标志 0：没有未处理的 INT9 中断 1：至少有一个 INT9 中断未处理。向该位写 0 将清零该位并且清除中断请求
7	INT8	中断 8 标志位。该位是连接到 CPU 中断级 INT8 的中断标志 0：没有未处理的 INT8 中断 1：至少有一个 INT8 中断未处理。向该位写 0 将清零该位并且清除中断请求
6	INT7	中断 7 标志位。该位是连接到 CPU 中断级 INT7 的中断标志 0：没有未处理的 INT7 中断 1：至少有一个 INT7 中断未处理。向该位写 0 将清零该位并且清除中断请求
5	INT6	中断 6 标志位。该位是连接到 CPU 中断级 INT6 的中断标志 0：没有未处理的 INT6 中断 1：至少有一个 INT6 中断未处理。向该位写 0 将清零该位并且清除中断请求
4	INT5	中断 5 标志位。该位是连接到 CPU 中断级 INT5 的中断标志 0：没有未处理的 INT5 中断 1：至少有一个 INT5 中断未处理。向该位写 0 将清零该位并且清除中断请求
3	INT4	中断 4 标志位。该位是连接到 CPU 中断级 INT4 的中断标志 0：没有未处理的 INT4 中断 1：至少有一个 INT4 中断未处理。向该位写 0 将清零该位并且清除中断请求
2	INT3	中断 3 标志位。该位是连接到 CPU 中断级 INT3 的中断标志 0：没有未处理的 INT3 中断 1：至少有一个 INT3 中断未处理。向该位写 0 将清零该位并且清除中断请求
1	INT2	中断 2 标志位。该位是连接到 CPU 中断级 INT2 的中断标志 0：没有未处理的 INT2 中断 1：至少有一个 INT2 中断未处理。向该位写 0 将清零该位并且清除中断请求
0	INT1	中断 1 标志位。该位是连接到 CPU 中断级 INT1 的中断标志 0：没有未处理的 INT1 中断 1：至少有一个 INT1 中断未处理。向该位写 0 将清零该位并且清除中断请求

3.3.3.6 中断使能寄存器（IER）

IER 是一个 16 位的 CPU 寄存器，IER 包含了所有可屏蔽 CPU 中断 （INT1~INT14，RTOSINT 和 DLOGINT）的使能位。NMI 和 XRS 都不在 IER 内，因此 IER 对它们没有影响。用户可以读取 IER 以识别已使能或禁止的 中断，也可以写 IER 去使能中断或禁止中断。要使能一个中断，用 OR IER 指令把 IER 中的相应位置 1。要使一个中断无效，用 AND IER 指令把相应 的 IER 位置 0。当一个中断无效时，不管 INTM 位的值是什么，它都不响应。 当一个中断有效时。如果相应的 IFR 位为 1 并且 INTM 位为 0，它就可以得 到响应。

当用 OR IER 和 AND IER 指令修改 IER 位时，要确定不会修改位 15 （RTOSINT）的状态，除非当前处于实时操作系统模式。

当处理一个硬件中断或执行 INTR 指令时，相应的 IER 位自动清 0。当 响应 TRAP 指令发错的中断请求时，IER 位不自动清 0。在执行 TRAP 指令 的情况下，如果需要清 0，必须通过中断服务程序进行。复位时，所有 IER 位都清 0，所有可屏蔽的 CPU 级中断均无效。图 3.32 和表 3.32 显示了 CPU 中断使能寄存器（IER）的位情况。

15	14	13	12	11	10	9	8
RTOSINT	DLOGINT	INT14	INT13	INT12	INT11	INT10	TIN9
R/W-0	R/W-0	R/W-0	R/W-0	R/W-0	R/W-0	R/W-0	R/W-0
7	6	5	4	3	2	1	0
INT8	INT7	INT6	INT5	INT4	INT3	INT2	INT1
R/W-0	R/W-0	R/W-0	R/W-0	R/W-0	R/W-0	R/W-0	R/W-0

图 3.32 中断使能寄存器（IER）

表 3.32 中断使能寄存器（IER）

位	名称	说明
15	RTOSINT	实时操作系统中断使能位。该位使能或禁止 CPU RTOS 中断 0：INT6 无效 1：INT6 使能
14	DLOGINT	数据记录中断使能位。该位使能或禁止 CPU 数据记录中断 0：INT6 无效 1：INT6 使能
13	INT14	中断 14 使能位。该位使能或禁止 CPU 中断 INT14 0：INT14 无效 1：INT14 使能

续表

位	名称	说明
12	INT13	中断 13 使能位。该位使能或禁止 CPU 中断 INT13 0：INT13 无效 1：INT13 使能
11	INT12	中断 12 使能位。该位使能或禁止 CPU 中断 INT12 0：INT12 无效 1：INT12 使能
10	INT11	中断 11 使能位。该位使能或禁止 CPU 中断 INT11 0：INT11 无效 1：INT11 使能
9	INT10	中断 10 使能位。该位使能或禁止 CPU 中断 INT10 0：INT10 无效 1：INT10 使能
8	INT9	中断 9 使能位。该位使能或禁止 CPU 中断 INT9 0：INT9 无效 1：INT9 使能
7	INT8	中断 8 使能位。该位使能或禁止 CPU 中断 INT8 0：INT8 无效 1：INT8 使能
6	INT7	中断 7 使能位。该位使能或禁止 CPU 中断 INT7 0：INT7 无效 1：INT7 使能
5	INT6	中断 6 使能位。该位使能或禁止 CPU 中断 INT6 0：INT6 无效 1：INT6 使能
4	INT5	中断 5 使能位。该位使能或禁止 CPU 中断 INT5 0：INT5 无效 1：INT5 使能
3	INT4	中断 4 使能位。该位使能或禁止 CPU 中断 INT4 0：INT4 无效 1：INT4 使能

续表

位	名称	说明
2	INT3	中断 3 使能位。该位使能或禁止 CPU 中断 INT3 0：INT3 无效 1：INT3 使能
1	INT2	中断 2 使能位。该位使能或禁止 CPU 中断 INT2 0：INT2 无效 1：INT2 使能
0	INT1	中断 1 使能位。该位使能或禁止 CPU 中断 INT1 0：INT1 无效 1：INT1 使能

3.3.3.7 调试中断使能寄存器（DBGIER）

调试中断使能寄存器（DBGER）只有在 CPU 处于实时仿真模式中暂停时才有效。在 DBGIER 中使能的中断被定义为时间先决中断。在实时模式下，当 CPU 暂停时，只有在 IER 中使能的时间先决中断被服务。如果 CPU 运行于实时仿真方式，则使用标准的中断处理过程，而忽略 DEBIER。

与 IER 一样，用户可以读取 DBIER 值来识别使能的或无效的中断，写 DBGIER 可以使中断使能或无效。要使能一个中断，则将它的相应位置 1；要禁止一个中断，则将它的相应位置 0。用 PUSH DBGIER 指令可以读取 DBGIER 的值，用 POP DBGIER 指令可以向 DEBIER 寄存器写数据。复位时，所有 DBGIER 位都为 0。

图 3.33 和表 3.33 显示了 CPU 调试中断使能寄存器（DBGIER）的位情况。

15	14	13	12	11	10	9	8
RTOSINT	DLOGINT	INT14	INT13	INT12	INT11	INT10	INT9
R/W-0	R/W-0	R/W-0	R/W-0	R/W-0	R/W-0	R/W-0	R/W-0

7	6	5	4	3	2	1	0
INT8	INT7	INT6	INT5	INT4	INT3	INT2	INT1
R/W-0	R/W-0	R/W-0	R/W-0	R/W-0	R/W-0	R/W-0	R/W-0

图 3.33 调试中断使能寄存器（DBGIER）

表 3.33　调试中断使能寄存器（DBGIER）

位	名称	说明
15	RTOSINT	实时操作系统中断使能位。该位使能或禁止 CPU RTOS 中断 0：INT6 无效 1：INT6 使能
14	DLOGINT	数据记录中断使能位。该位使能或禁止 CPU 数据记录中断 0：INT6 无效 1：INT6 使能
13	INT14	中断 14 使能位。该位使能或禁止 CPU 中断 INT14 0：INT14 无效 1：INT14 使能
12	INT13	中断 13 使能位。该位使能或禁止 CPU 中断 INT13 0：INT13 无效 1：INT13 使能
11	INT12	中断 12 使能位。该位使能或禁止 CPU 中断 INT12 0：INT12 无效 1：INT12 使能
10	INT11	中断 11 使能位。该位使能或禁止 CPU 中断 INT11 0：INT11 无效 1：INT11 使能
9	INT10	中断 10 使能位。该位使能或禁止 CPU 中断 INT10 0：INT10 无效 1：INT10 使能
8	INT9	中断 9 使能位。该位使能或禁止 CPU 中断 INT9 0：INT9 无效 1：INT9 使能
7	INT8	中断 8 使能位。该位使能或禁止 CPU 中断 INT8 0：INT8 无效 1：INT8 使能
6	INT7	中断 7 使能位。该位使能或禁止 CPU 中断 INT7 0：INT7 无效 1：INT7 使能

续表

位	名称	说明
5	INT6	中断 6 使能位。该位使能或禁止 CPU 中断 INT6 0：INT6 无效 1：INT6 使能
4	INT5	中断 5 使能位。该位使能或禁止 CPU 中断 INT5 0：INT5 无效 1：INT5 使能
3	INT4	中断 4 使能位。该位使能或禁止 CPU 中断 INT4 0：INT4 无效 1：INT4 使能
2	INT3	中断 3 使能位。该位使能或禁止 CPU 中断 INT3 0：INT3 无效 1：INT3 使能
1	INT2	中断 2 使能位。该位使能或禁止 CPU 中断 INT2 0：INT2 无效 1：INT2 使能
0	INT1	中断 1 使能位。该位使能或禁止 CPU 中断 INT1 0：INT1 无效 1：INT1 使能

3.3.4 外部中断控制寄存器

3.3.4.1 外部中断 1 控制寄存器（XINT1CR）

有些器件支持 3 个可屏蔽的外部中断，即 XINT1，XINT2，XINT13。XINT13 和一个非屏蔽中断 XNMI 复用。这些外部中断中的每一个中断都可以选择下降沿或上升沿触发，还可以使能或不使能（包括 XNMI）。可屏蔽中断还包含一个 16 位自由运行的增计数器，当一个有效的中断边沿被检测到时，复位成 0。本计数器用于给中断提供一个精确的时间标记。如图 3.34 和表 3.34 所示。

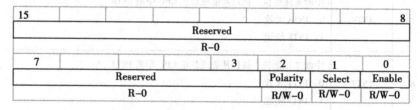

图 3.34 中断 1 控制寄存器（XINT1CR）

表 3.34 断 1 控制寄存器 (XINT1CR)

位	名称	说明
15~3	Reserved	读返回 0；写无效
2	Polarity	该读/写位决定是引脚信号的上升沿还是下降沿产生中断 0：下降沿产生中断（高到低的转换） 1：上升沿产生中断（低到高的转换）
1	Reserved	读返回 0；写无效
0	Enable	该读/写位使能或禁止外部中断 XINT1 0：中断无效 1：中断使能

3.3.4.2 外部中断 2 控制寄存器 (XINT2CR)

图 3.35 和表 3.35 制寄存器 (XINT2CR) 的位情况。

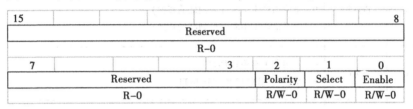

图 3.35 中断 2 控制寄存器 (XINT2CR)

表 3.35 中断 2 控制寄存器 (XINT2CR)

位	名称	说明
15~3	Reserved	读返回 0；写无效
2	Polarity	该读/写位决定是引脚信号的上升沿还是下降沿产生中断 0：下降沿产生中断（高到低的转换） 1：上升沿产生中断（低到高的转换）
1	Reserved	读返回 0；写无效
0	Enable	该读/写位使能或禁止外部中断 XINT2 0：中断无效 1：中断使能

3.3.4.3 外部 NMI 中断控制寄存器 (XNMICR)

图 3.36 和表 3.36 显示了外部 NMI 中断控制寄存器 (XNMICR) 的位情况。

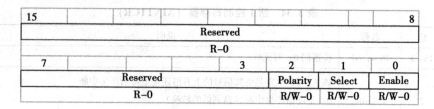

图 3.36　外部 NMI 中断控制寄存器（XNMICR）

表 3.36　外部 NMI 中断控制寄存器（XNMICR）

位	名称	说明
15~3	Reserved	读返回 0；写无效
2	Polarity	该读/写位决定是引脚信号的上升沿还是下降沿产生中断 0：下降沿产生中断（高到低的转换） 1：上升沿产生中断（低到高的转换）
1	Select	0：定时器 1 连接到 INT13 1：XNMI_ XINT13 连接到 INT13
0	Enable	该读/写位使能或禁止外部中断 NMI 0：中断无效 1：中断使能

　　对于每个外部中断，各有一个 16 位计数器，当检测到中断边沿时复位为 0。这些计数器用来精确标记中断发生的时间。

3.3.4.4　外部中断 1 计数器寄存器（XINT1CTR）

　　图 3.37 和表 3.37 显示了外部中断 1 计数器寄存器（XINT1CTR）的位情况。

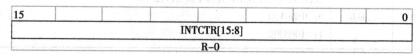

图 3.37　外部中断 1 计数器寄存器（XINT1CTR）
注：R 为可读，－0 为复位后的值。

表 3. 37　外部中断 1 计数器寄存器 （**XINT1CTR**）

位	名称	说明
15~0	INTCTR	这是一个自由运行的 16 位增计数器，时钟速率为 SYSCLKOUT。当检测到有效的中断边沿时复位到 0x0000，然后连续计数直到检测到下一个有效中断边沿为止。当禁止中断时，计数器停止计数。当计数到最大值时，计数器会返回到 0，继续计数。该计数器是一个只读寄存器，只有在检测到有效中断边沿或复位时才跳变为 0

3.3.4.5　外部中断 2 计数器寄存器 （XINT2CTR）

　　图 3.38 和表 3.38 显示了外部中断 2 计数器寄存器 （XINT2CTR） 的位情况。

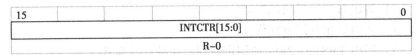

15								0
INTCTR[15:0]								
R–0								

图 3.38　外部中断 2 计数器寄存器 （XINT2CTR）

注：R 为可读，-0 为复位后的值。

表 3. 38　外部中断 2 计数器寄存器 （**XINT2CTR**）

位	名称	说明
15~0	INTCTR	这是一个自由运行的 16 位增计数器，时钟速率为 SYSCLKOUT。当检测到有效的中断边沿时复位到 0x0000，然后连续计数直到检测到下一个有效中断边沿为止。当禁止中断时，计数器停止计数。当计数到最大值时，计数器会返回到 0，继续计数。该计数器是一个只读寄存器，只有在检测到有效中断边沿或复位时才跳变为 0

3.3.4.6　外部 NMI 中断计数器寄存器 （XNMICTR）

　　图 3.39 和表 3.39 显示了外部 NMI 中断计数器寄存器 （XNMICTR） 的位情况。

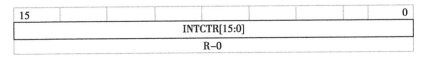

15								0
INTCTR[15:0]								
R–0								

图 3.39　外部 NMI 中断计数器寄存器 （XNMICTR）

注：R 为可读，-0 为复位后的值。

表 3.39   外部 NMI 中断计数器寄存器 (XNMICTR)

位	名称	说明
15~0	INTCTR	这是一个自由运行的 16 位增计数器，时钟速率为 SYSCLKOUT。当检测到有效的中断边沿时复位到 0x0000，然后连续计数直到检测到下一个有效中断边沿为止。当禁止中断时，计数器停止计数。当计数到最大值时，计数器会返回到 0，继续计数。该计数器是一个只读寄存器，只有在检测到有效中断边沿或复位时才跳变为 0

思考题

（1）简述 TMS320F2812 看门狗的工作原理。

（2）简述锁相环（PLL）的几种配置模式。

（3）简述看门狗模块的组成。

（4）如何禁止看门狗操作。

（5）写出 TMS320F2812 通用定时器的 4 种计数模式。

（6）简述 TMS320F2812 中断的分类。

（7）TMS320F2812 是如何实现外设中断扩展的？

（8）如何进行 GPIO 设置？如果设置为输入，如何确认输入信号的状态？如果设置为输出，如何改变输出状态？

（9）写出可屏蔽中断的响应过程，画出响应过程的流程图。

（10）TMS320F2812 的锁相环能产生 4 种时钟信号，它们分别是什么？

4 事件管理器

4.1 事件管理器的结构

　　每个 2812 处理器包含 EVA 和 EVB2 个事件管理器，每个事件管理器包含通用定时器（GP）、比较器、PWM 单元、捕获单元以及正交编码脉冲电路（QEP），如图 4.1 所示。PWM 单元主要有 2 个方面的应用：一是产生脉宽调制信号控制数字电机，另外一个是直接用 PWM 输出作为 A/D 转换使用。事件管理器的捕获单元用来对外部硬件信号的时间进行测量，利用 6 个边沿检测单元测量外部信号的时间差，从而确定电机转子的转速。正交编码脉冲电路根据增量编码器信号获得电机转子的速度和方向信息。

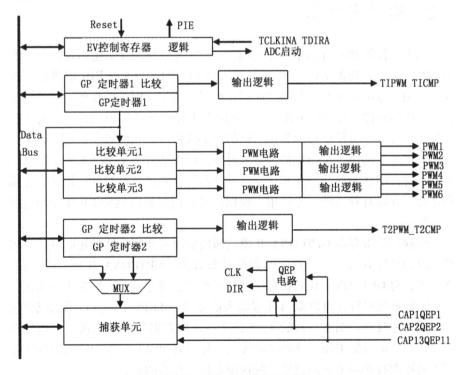

图 4.1　事件管理器结构框图

事件管理器 EVA 和 EVB 有相同的外设寄存器，EVA 的起始地址是7400H，EVB 的起始地址为 7500H。EVA 和 EVB 的功能也基本相同，只是模块的外部接口和信号有所不同。

每个事件管理器都有自己的控制逻辑模块，逻辑模块能够响应来自F2812 的外设中断扩展单元的中断请求，从而实现事件管理器的各种操作模式。在特定的操作模式下，事件管理器还可以利用 2 个外部信号（TCLKINA和 TDIRA）进行控制。此外，事件管理器还可以根据内部事件自动地启动A/D 转换，而不像其他通用的微处理器需要专门的中断服务程序。

通用定时器 1 和 2 是两个带有可配置输出信号（T1PWM/T1CMP 和T2PWM/T2CMP）的 16 位定时器，也可以直接在处理器内部使用。比较单元 1~3 以通用定时器 1 作为时钟基准，产生 6 路 PWM 输出控制信号。3 个独立的捕获单元（CAP1，CAP2 和 CAP3）可以用来进行时间和速度估计。光电编码脉冲电路重新定义了捕获单元 CAP1，CAP2 和 CAP3 的输入功能，可以直接检测脉冲的边沿。

4.2 通用定时器

每个事件管理器有两个通用定时器，事件管理器 EVA 使用定时器 GP1和 GP2，事件管理器 EVB 使用定时器 GP3 和 GP4。每个通用定时器都可以独立使用，也可以多个定时器彼此同步使用。通用定时器的比较寄存器用作比较功能时可以产生 PWM 波形。当定时器工作在增或增减模式时，有 3 种连续工作方式，可使用可编程预定标的内部或外部输入时钟。通用定时器还为事件管理器的每个子模块提供基准时钟：GP1 为比较器和 PWM 电路提供基准时钟；GP2 为捕获单元和正交脉冲计数操作提供基准时钟。周期寄存器和比较寄存器有双缓冲，允许用户根据需要对定时器周期和 PWM 脉冲宽度进行编程。

全局控制寄存器 GPTCONA/B 确定通用定时器实现具体的定时器任务需要采取的操作方式，并设置定时器的计数方向。GPTCONA/B 是可读/写的寄存器，对 GPTCONA/B 的状态位进行写操作，寄存器原有数据不作变化。

定时器的时钟源可以取自外部输入信号（TCLKIN），QEP 单元或者内部时钟。定时器控制寄存器的 4，5 位选择定时器时钟信号来源。当选择内部时钟时，定时器采用高速外设时钟预定标（HSPCLK）作为输入，计算定时器的周期时必须考虑高速外设时钟预定标寄存器的设置。

此外，F2812 信号处理器的定时器还提供图 4.2 所示的后台功能。定时器1和定时器2都有各自的比较寄存器和周期寄存器,对于某些应用可以实时地调整比较寄存器和周期寄存器的值。后台寄存器(类似于双缓冲)的优点就是能够在当前周期为下一个周期设置相应的寄存器的值,下一个定时周期会将后台寄存器的值自动装载到相应的寄存器中。如果没有后台寄存器,需要更新寄存器的值时就必须等待当前周期结束,然后触发高优先级的中断调整寄存器的值,这样势必影响定时器的运行。

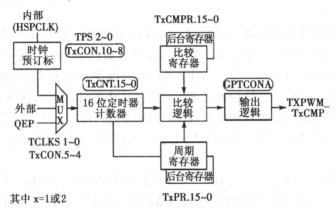

图4.2 通用定时器结构图

4.2.1 通用定时器计数模式

每个通用定时器都支持停止/保持、连续递增计数、双向增/减计数和连续增/减计数4种操作模式,可以通过控制寄存器TxCON中的TMODE1~TMODE0位进行设置。同时,可以通过定时器使能位TENABLE使能或禁止定时器的计数操作。当定时器被禁止时,定时器的计数器操作也被禁止,并且定时器的预定标器被复位为x/1;当使能定时器时,定时器按照寄存器TxCON中的TMODE1~TMODE0位确定的计数模式工作并开始计数。

4.2.1.1 停止/保持模式

在这种模式下,通用定时器停止计数并保持在当前的状态,定时器的计数器、比较输出和预定标计数器都保持不变。

4.2.1.2 连续递增计数模式

在连续递增模式下,通用定时器将按照预定标的输入时钟计数,在定时器的计数器值和周期寄存器值匹配后的下一个输入时钟的上升沿复位为0,并启动下一个计数周期。

在通用定时器的值变为0一个时钟周期后,定时器的下溢中断标志位置位。如果该位未被屏蔽,则产生一个外设中断请求。如果该周期中断已由

GPTCONA/B 寄存器中的相应位选定用来启动 ADC，则在中断标志置位的同时将 A/D 转换启动信号送到 A/D 转换模块。

在 TxCNT 的值与 0xFFFF 匹配 1 个时钟周期后，上溢中断标志位置位。如果该位未被屏蔽，则会产生 1 个外设中断请求。

除第一个计时周期外，定时器周期的时间为（TxPR+1）个定标后的时钟输入周期。如果定时器的计数器开始计数时为 0，则第一个周期也和以后的周期相同。

通用定时器的初始值可以是 0H–0xFFFF 中的任意值。如果计数器的初始值大于周期寄存器的值，定时器计数器将计数到 0xFFFF，清零后继续计数操作，同初始值为 0 一样。当计数器的初始值等于周期寄存器的值时，定时产生周期中断标志，计数器清零，置位下溢中断标志而后继续向上计数。如果定时器的初始值在 0 和周期寄存器的值之间，定时器就计数到周期寄存器的值完成该计数周期，其他情况同初始计数器值与周期寄存器的值相同一样。

在连续递增模式下，GPTCONA/B 寄存器中的计数方向标志位为 1，内部 CPU 时钟或外部时钟均可作为定时器的输入时钟。此时，TDIRA/B 引脚输入的时钟不起作用。

通用定时器的连续递增计数模式特别适用于边沿触发或异步 PWM 波形产生等应用，也适用于电机和运动控制系统采样周期的产生。图 4.3 给出了连续递增计数模式的工作方式。

如图 4.3 所示，通用定时器连续递增计数模式（TxPR=3 或 2）。从计数器计数到周期寄存器直到定时器重新开始新的计数周期没有一个时钟周期丢失。

4.2.1.3 定向递增/递减计数模式

通用定时器工作在定向递增/递减计数模式时，定时器根据定标后的时钟或计数方向（TDIRA/B）引脚的输入进行递增或递减计数。当 TDIRA/B 引脚保持为高电平时，通用定时器递增计数直到计数值等于周期寄存器的值（如果初始值大于周期寄存器的值就计数到 0xFFFFH）。当通用定时器的计数寄存器的值等于周期寄存器的值（或等于 FFFFH）时，定时器的计数器清零，然后重新递增计数到周期寄存器的值。当 TDIRA/B 引脚保持为低电平时，通用定时器计数器采用递减计数方式，直到等于 0，然后定时器重新载入周期寄存器中的值并继续递减计数。

周期、下溢、上溢中断标志位，中断申请以及相关的操作都由各自事件产生，其产生方式与连续递增计数模式相同。计数方向引脚（TDIRA/B）

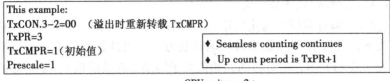

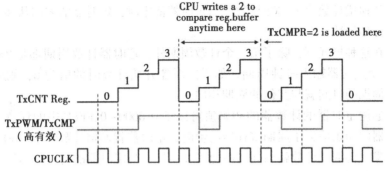

图 4.3 通用定时器连续增计数模式的工作方式

的电平变化后，只有当前计数周期完成后定时器的计数方向才变化。

定时器在这种工作模式下，计数方向由 GPTCONA/B 寄存器中的方向控制位确定；1 代表递增计数，0 代表递减计数。TCLKINA/B 引脚的外部时钟和内部 CPU 时钟均可作为定时器的输入时钟。图 4.4 给出了通用定时器定向增/减计数模式的工作方式。

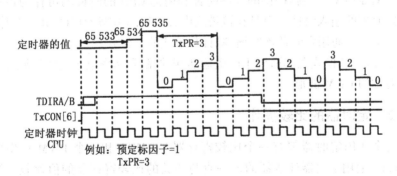

图 4.4 通用定时器定向增/减计数模式

在事件管理器模块中，通用定时器 2/4 的定向增/减计数模式和 QEP 电路结合使用，QEP 电路为通用定时器 2/4 提供计数时钟和计数方向。这种工作方式在运动/电机控制和功率电子应用领域可以用来确定外部事件发生的时间。

4.2.1.4 连续增/减计数模式

连续增/减计数模式与定向增/减计数模式基本相同，只是在连续增减计数模式下，引脚 TDIRA/B 不再影响计数方向。当计数器的值达到周期寄存器的值（或 FFFFH，定时器的初始值大于周期寄存器的值），定时器的计数方向从递增计数变为递减计数；当定时器清零时，定时器的方向从递减计数变为递增计数。

在这种模式下，除了第一个计数周期外，定时器计数周期都是 2×（Tx-PR）个定时器输入时钟周期。如果定时器开始计数时的值为 0，则第一个计数周期的时间就与其他的周期相同。

通用定时器的计数器的初始值可以是 0x0000~0xFFFF 中的任意值。当计数器的初始值大于周期寄存器的值时，定时器就递增计数到 0xFFFFH，然后清零，再继续计数就如同初始值为 0 一样。当定时器的初始值与周期寄存器的值相同时，计数器递减计数至 0，再继续计数就如同初始值为 0 一样。当计数器的初始值在 0 与周期寄存器的值之间时，定时器递增计数至周期寄存器的值并完成该周期，而后计数器的工作就类似于计数器初始值与周期寄存器的值相同的情况。

周期、下溢、上溢中断标志位，中断申请以及相关的操作都由各自事件产生，其产生方式与连续递增计数模式相同。

当定时器递减计数为 0 时，定时器中的 GPTCONA/B 的计数方向标志位是 1。TCLKINA/B 引脚提供的外部时钟和内部 CPU 的时钟均可作为该模式下的定时器的输入时钟，只是在该模式中方向控制引脚 TDIRA/B 不起作用。图 4.5 给出了通用定时器连续增/减计数模式的工作方式。

连续增/减模式尤其适用于产生运动/电控制和功率电子应用领域常用的中心对称的 PWM 波形。

4.2.2 定时器的比较操作

每个通用定时器都有一个比较寄存器 TxCMPR 和一个 PWM 输出引脚 TxPWM。通用定时器计数器的值一直与相关的比较寄存器的值比较，当定时器计数器的值与比较寄存器的值相等时，就产生比较匹配。可通过 Tx-CON [1] 位使能比较操作，产生比较匹配后将会有下列操作（如图 4.6 所示）。

●匹配 1 个时钟周期后，定时器的比较中断标志位置位。

●匹配 1 个 CPU 时钟周期后，根据寄存器 GPTCONA/B 相应位的配置情况，PWM 的输出将产生跳变。

例如：
TxCON.3~2=01（在向下溢出或周期满重新装载TxCMPR）
TxPR=3
TxCMPR=1（初始值）
Prescale=1

φ 连续递增/递减重复计数
φ 递增/递减计数周期2×TxPR

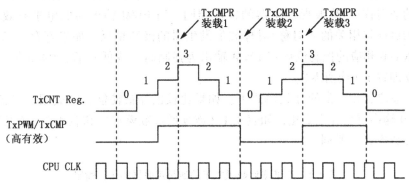

图4.5　通用定时器连续增/减计数模式（TxPR＝3 或 2）

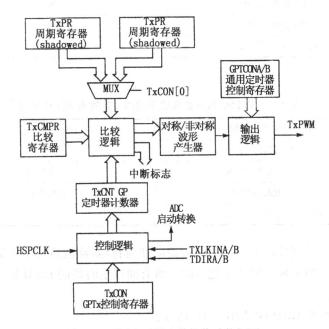

图4.6　通用定时器比较操作功能框图

●如果比较中断标志位已通过设置寄存器 GPTCONA/B 中的相应位启动
A/D 转换器，则比较中断位置位的同时产生 A/D 转换启动信号。

●如果比较中断未被屏蔽，将产生一个外设中断申请。

4.2.2.1　定时器 PWM 输出（TxPWM）逻辑控制

输出逻辑进一步对最终用于控制功率设备的 PWM 输出波形进行设置，适当地配置 GPTCONA/B 寄存器，可以设定 PWM 的输出为高电平有效、低电平有效、强制低或强制高。当 PWM 输出为高电平有效时，它的极性与相关的非对称/对称波形发生器的极性相同。当 PWM 输出为低电平有效时，它的极性与相关的非对称/对称波形发生器的极性相反。如果寄存器 GPT-CONA/B 相应的控制位规定 PWM 输出为强制高（或低）后，PWM 输出就会立即置 1（或清零）。

总之，在正常的计数模式下；如果比较已经被使能，则通用定时器的 PWM 输出就会发生变化，如表 4.1（连续增计数模式）和表 4.2（连续增/减计数模式）所列。

表 4.1　连续增计数模式下的通用定时器的比较输出

在一个周期的时间	比较输出状态
在比较匹配之前	无变化
在比较匹配时	置位有效
在周期比较匹配时	置位无效

表 4.2　连续增/减计数模式下的通用定时器的比较输出

在一个周期的时间	比较输出状态
第一次比较匹配之前	无变化
第一次在比较匹配时	置位有效
第二次比较匹配时	置位无效
第二次在比较匹配之后	无变化

基于定时器计数模式和输出逻辑的非对称/对称波形发生器同样适用于比较单元。当出现下列情况之一时，所有通用定时器的 PWM 输出都被置成高阻状态：

●软件将 GPTCONA/B [6] 清零；

●$\overline{\text{PDPINTx}}$ 引脚被拉低而且没有屏蔽；

●任何一个复位信号发生；

●软件将 TxCON [1] 清零。

4.2.2.2 TxPWM 有效/无效的时间计算

对于连续递增计数模式，比较寄存器中的值代表了从计数周期开始到第一次匹配发生之间花费的时间（即无效相位的长度），这段时间等于定标的输入时钟周期乘以 TxCMPR 寄存器的值。因此，有效相位长度就等于(TxPR)-(TxCMPR)+1 个定标的输入时钟周期，也就是输出脉冲的宽度。

对于连续增/减计数模式，比较寄存器在递减计数状态和递增计数状态下可以有不同的值。有效相位长度等于(TxPR)-(TxCMPR)up+(TxPR)-(TxCMPR) 个定标输入时钟周期，也就是输出脉冲宽度。这里的 (TxCMPR) up 是递增计数模式下的比较值，(TxCMPR) dn 是递减计数模式下的比较值。

如果定时器处于连续递增计数模式，当 TxCMPR 中的值为 0 时，通用定时器比较输出在整个周期有效。对于连续增/减计数模式，如果 (TxCMPR) up 的值为 0，则比较输出在周期开始时就开始有效。如果 (TxCMPR) up 和 (TxCMPR) dn 的值都是 0，则在整个周期有效。

对于连续递增计数模式，如果 TxCMPR 的值大于 TxPR 的值，有效相位长度（输出脉冲宽度）为 0。对于连续增/减计数模式，如果 (TxCMPR) up 大于或等于 TxPR，将不会产生第一次跳变。同样，如果 (TxCMPR) dn 的值大于或等于 TxPR 的值，也不会产生第二次跳变。如果 (TxCMPR) up 和 (TxCMPR) dn 的值都大于 TxPR 的值，通用定时器的比较输出在整个周期内都无效。

4.2.2.3 TxPWM 输出非对称波形

根据通用定时器使用的计数模式，非对称/对称波形发生器产生一个非对称或对称的 PWM 波形，当通用定时器处于连续递增计数模式时，产生非对称波形（如图 4.7 所示）。在这种模式下，波形发生器产生的波形输出根据下面情况有所变化：

● 计数操作开始前为 0；
● 直到匹配发生时保持不变；
● 在比较匹配时 PWM 输出信号反转；
● 保持不变直到周期结束；
● 如果下一周期新的比较寄存器的值不是 0，则在匹配周期结束的周期复位清零。

在周期开始时如果比较器周期寄存器的值是 0，则整个计数周期内输出为 1 保持不变；如果下一周期新的比较值为 0，则输出不会被复位为 0。这一点是很重要的，因为它允许产生占空比从 0%~100% 的 PWM 无毛刺脉冲。

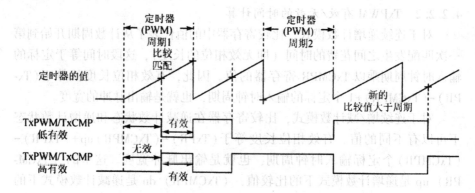

图 4.7　在连续递增计数模式下的通用定时器比较/PWM 输出

如果比较值大于周期寄存器中的值，则整个周期内输出为 0；如果比较值等于周期寄存器的值，对一个定标时钟输入来说输出是 1。

对于非对称 PWM 波形，改变比较寄存器的值仅仅影响 PWM 脉冲的一侧。

4.2.2.4　TxPWM 输出对称波形

当通用定时器处于连续递增/递减计数模式时，产生对称波形（如图 4.8 所示）。在这种计数模式下，波形发生器的输出状态与下列状态有关：

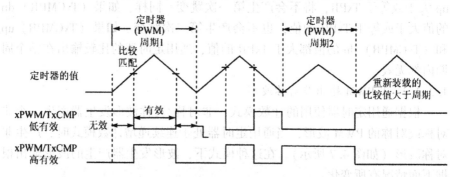

图 4.8　在连续递增/减模式下的通用定时器比较/PWM 输出

- ●计数操作开始前为 0；
- ●第一次比较匹配前保持不变；
- ●第一次比较匹配时 PWM 输出信号反转；
- ●第二次比较匹配前保持不变；
- ●第二次比较匹配时 PWM 输出信号反转；
- ●周期结束前保持不变；
- ●如果没有第二次匹配且下一周期新的比较值不为 0，则在周期结束后复位为 0。

如果比较值在周期开始时为 0, 则周期开始时输出为 1, 直到第二次比较匹配发生后一直保持不变。如果比较值在后半周期是 0, 在第一次跳变后, 直到周期结束输出将保持 1。在这种情况下, 如果下一周期新的比较值仍然为 0, 则输出不会复位为 0。这会重复出现以保证能够产生占空比从 0%~100% 的无毛刺 PWM 脉冲。如果前半周期的比较值大于等于周期寄存器的值, 则不会产生第一次跳变。若在后半周期发生比较匹配, 输出仍将跳变。这种错误的输出跳变经常是由应用程序计算不正确引起的, 它将会在周期结束时被纠正, 因为除非下一周期的比较值为 0, 输出才会被复位为 0, 否则输出将保持 1, 这将把波形发生器的输出重新置为正确的状态。

4.2.3 通用定时器寄存器

为了正确使用事件管理器的定时器, 必须配置相关定时器的 5 个寄存器 (如表 4.3 所示), 如果使用中断方式需要配置更多的寄存器。

表 4.3 事件管理器的定时器寄存器

	名称	地址	功能描述
EVA	GPTCONA	0x 7400h	通用定时器全局控制寄存器 A
	T1CNT	0x 7401h	定时器 1 计数寄存器
	T1CMPR	0x 7402h	定时器 1 比较寄存器
	T1PR	0x 7403h	定时器 1 周期寄存器
	T1CON	0x 7404h	定时器 1 控制寄存器
	T2CNT	0x 7405h	定时器 2 计数寄存器
	T2CMPR	0x 7406h	定时器 2 比较寄存器
	T2PR	0x 7407h	定时器 2 周期寄存器
	T2CON	0x 7408h	定时器 2 控制寄存器
	名称	地址	功能描述
EVB	GPTCONB	0x 7500h	通用定时器全局控制寄存器 B
	T3CNT	0x 7501h	定时器 3 计数寄存器
	T3CMPR	0x 7502h	定时器 3 比较寄存器
	T3PR	0x 7503h	定时器 3 周期寄存器
	T3CON	0x 7504h	定时器 3 控制寄存器
	T4CNT	0x 7505h	定时器 4 计数寄存器
	T4CMPR	0x 7506h	定时器 4 比较寄存器
	T4PR	0x 7507h	定时器 4 周期寄存器
	T4CON	0x 7508h	定时器 4 控制寄存器

4.2.3.1 通用定时器全局控制寄存器

全局控制寄存器 GPTCONA/B 确定通用定时器实现具体的定时器任务需要采取的操作方式，并指明通用定时器的计数方向。全局通用定时器控制寄存器 B（GTPCONB）同 GTPCONA 功能相同，只是控制的定时器不同。GTPCONA 控制定时器 1 和 2，GTPCONB 控制定时器 3 和 4。高低字节的分配情况如图 4.9 所示。

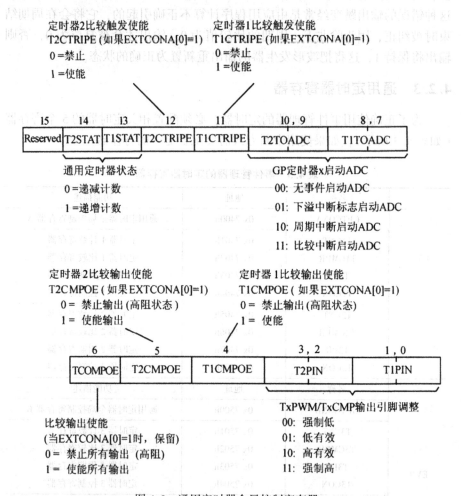

图 4.9 通用定时器全局控制寄存器

如果定时器设置为递增或递减计数模式，位 14 和 13 指示定时器的计数方式；位 10~7 确定具体的定时事件触发 ADC 自动转换的操作方式；位 6 用来使能定时器 1 和定时器 2 同时输出。每一位的详细定义参见表 4.4。

表 4.4 通用定时器 A 控制寄存器功能定义

位	名称	功能描述
15	保留	读返回 0，写没有影响
14	T2STAT	通用定时器 2 的状态（只读） 0 递减计数 1 递增计数
13	T1STAT	通用定时器 1 的状态（只读） 0 递减计数 1 递增计数
12	T2CTRIPE	T2CTRIP 使能，使能/屏蔽定时器 2 比较输出（T2CTRIP）。当 EXTCON（0）=1 时该位有效，EXTCON（0）=0 时该位保留 0 T2CTRIP 屏蔽，T2CTRIP 不影响定时器 2 的 GPTCON（5）、PDPINTA 标志以及比较输出 1 T2CTRIP 使能，定时器 2 输出进入高阻状态，GPTCON（5）归零，PDPINT 标志置 1
11	T1CTRIPE	T1CTRIP 使能，该位有效时使能/屏蔽定时器 1 比较输出（T1CTRIP）。当 EXTCON（0）=1 时该位有效，EXTCON（0）=0 时该位保留 0 T1CTRIP 屏蔽，T1CTRIP 不影响定时器 1 的 GPTCON（4）、PDPINTA（EVIFRA（0））标志以及比较输出 1 T1CTRIP 使能，定时器 1 输出进入高阻状态，GPTCON（4）归零，PDPINTA（EVIFRA（0））标志置 1
10, 9	T2TOADC	使用通用定时器 2 启动 ADC 00 无事件启动 ADC 10 周期中断启动 ADC 01 下溢中断标志启动 ADC 11 比较器中断启动 ADC
8, 7	T1TOADC	使用通用定时器 1 的事件启动 ADC 00 无事件启动 ADC 10 周期中断启动 ADC 01 下溢中断标志启动 ADC 11 比较器中断启动 ADC
6	TCOMPE	定时器的比较输出使能，TCOMPE 有效时使能/屏蔽定时器的比较输出。EXTCON（0）=0 时 TCOMPE 有效，EXTCON（0）=1 时该位保留。如果 TCOMPE 有效，PDPINT/T1CTRIP 低电平且 EVIMRA（0）=1，TCOMPE 复位为 0 0 定时器比较输出 T1/2PWM_ T1/2CMP 为高阻状态 1 定时器比较输出 T1/2PWM_ T1/2CMP 由各自定时器独立触发逻辑驱动
5	T2CMPOE	定时器 2 比较输出使能，T2CMPOE 有效时，使能/屏蔽事件管理器的定时器 2 的比较输出 T2PWM_ T2CMP。EXTCON（0）=1 时 T2CMPOE 有效，EXTCON（0）=0 时 T2CMPOE 保留。如果 T2CMPOE 有效，T2CTRIP 被使能且为低电平，则 T2CMPOE 复位为 0 0 定时器 2 比较输出 T2PWM_ T2CMP 为高阻状态 1 定时器 2 比较输出 T2PWM_ T2CMP 由定时器 2 触发逻辑独立驱动

续表

位	名称	功能描述
4	T1CMPOE	定时器 1 比较输出使能，T1CMPOE 有效时，使能/屏蔽事件管理器的定时器 1 的比较输出 T1PWM_ T1CMP。EXTCON（0）=1 时 T1CMPOE 有效，EXTCON（0）=0 时 T1CMPOE 保留。如果 T1CMPOE 有效，T1CTRIP 被使能且为低电平，则 T1CMPOE 复位为 0 0 定时器 1 比较输出 T1PWM_ T1CMP 为高阻状态 1 定时器 1 比较输出 T1PWM_ T1CMP 由定时器 1 触发逻辑独立驱动
3，2	T2P1N	通用定时器 2 比较输出的极性选择 00 强制低　10 高有效 01 低有效　11 强制高
1，0	T1PIN	通用定时器 1 比较输出的极性选择 00 强制低　10 高有效 01 低有效　11 强制高

需要说明的是，有一种改进的操作模式，在这种情况下，通用控制寄存器的各位定义就有所区别。其中位 6 不再使用，位 5 和位 4 分别用来使能/禁止定时器 1 和 2 的输出。位 12 和位 11 则用来使能其新增加的功率电子安全功能"定时器比较启动"（Timer Compare Trip）。

4.2.3.2　通用定时器计数寄存器（TxCNT，其中 x=1，2，3，4）

图 4.10 和表 4.5 给出了定时器计数寄存器的功能定义。

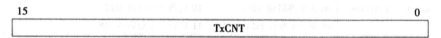

图 4.10　定时器计数寄存器

表 4.5　定时器计数寄存器功能定义

位	名称	功能描述
15~0	TxCNT	定时器 x 当前的计数值

4.2.3.3　通用定时器比较寄存器（TxCMPR，其中 x=1，2，3，4）

表 4.6 和图 4.11 给出了定时器比较寄存器的功能定义。

表 4.6　定时器比较寄存器功能定义

位	名称	功能描述
15~0	TxCMPR	定时器 x 计数的比较值

图 4.11 定时器比较寄存器

4.2.3.4 通用定时器周期寄存器（TxPR，其中 x = 1，2，3，4）

图 4.12 和表 4.7 给出了定时器周期寄存器的功能定义。

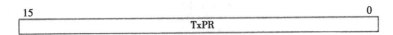

图 4.12 定时器周期寄存器

表 4.7 定时器周期寄存器功能定义

位	名称	功能描述
15~0	TxPR	定时器 x 计数的周期值

4.2.3.5 通用定时器控制寄存器（TxCON）

定时器控制寄存器是每个定时器的独立设置寄存器。位 15 和位 14 负责设置定时器和 JTAG 仿真器之间的工作关系，在某些情况下这两个位对于程序的执行非常重要，比如程序运行到断点处定时器的计数模式。尤其是在实时系统中，停止定时器计数使定时器处于随机工作状态是非常危险的。因此，这两位的设置必须根据硬件的实际需求合理地配置。

位 12~11 选择操作模式，在前面的章节中已经做了详细的介绍。位 10~8 定义输入时钟的分频的预定标参数，定时器的计数频率主要由以下参数确定：

● 外部晶振（30MHz）；

● 内部 PLL 状态寄存器（系统时钟 = 外部晶振×PLL 倍频分数/2 = 30 MHz×10/2 = 150MHz）；

● 高速时钟预定标（HISPCP = 系统时钟/2 = 75 MHz）；

● 定时器时钟预定标系数（1~128）。

同时可以根据上述设置和参数确定期望的定时器周期，例如 100ms 的定时器周期可以采用如下设置：

定时器输入脉冲 = （1/外部时钟频率）× 1/PLL× HISPCP×定时器预定标系数

$$17\ 067\mu s = （1/30MHz）×1/5×2×128$$

$$100ms/17\ 067\mu s = 58\ 593$$

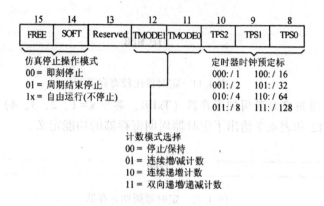

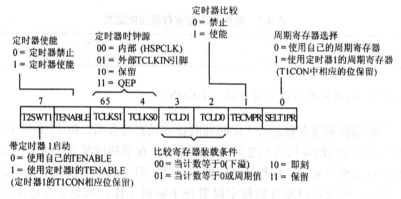

图 4.13 通用定时器控制寄存器

因此可以设置周期寄存器 TxPR 的值 58593，此时定时器的输出脉冲为 100ms。

位 6 使能定时器操作，在定时器一系列初始化操作完成后必须将该位置 1 启动定时器；位 5 和位 4 选择定时器的时钟信号源；位 3 和位 2 定义将缓冲值装载到比较寄存器的时间；位 1 用来使能比较操作；位 7 和位 0 是定时器 2 的专用控制位，在 T1CON 中不起作用，在位 7 的控制下用户可以同时启动定时器 1 和定时器 2。关于控制寄存器的详细说明参见表 4.8。

表 4.8 通用定时器控制寄存器

位	名称	功能描述
15~14	FREE, SOFT	仿真控制位
		00 仿真挂起则立即停止　　　　　10 仿真挂起不影响操作
		01 仿真挂起则当前定时器周期结束停止 11 仿真挂起不影响操作
13	保留	读取该位返回 0，写操作无影响

续表

位	名称	功能描述
12~11	TMODE1~ TMODE0	计数模式选择 00 停止/保持　　　　　　10 连续增计数模式 01 连续增/减计数模式　　11 定向的增/减计数模式
10~8	TPS2~TPS0	输入时钟预定标参数 000　x/1011　x/8　　110　x/64 001　x/2100　x/16　111　x/128（x=HSPCLK） 010　x/4101　x/32
7	T2SWT1 T4SWT3	T2SWT1 是 EVA 的定时器控制位,是使用通用定时器 1 启动定时器 2 的使能位。在 T1CON 中为保留位 T4SWT3 是 EVB 的定时器控制位,是使用通用定时器 4 启动定时器 3 的使能位。在 T3CON 中为保留位 0 使用自己的使能位（TENABLE） 1 使用 T1CON（EVA）或 T3CON（EVB）的使能位,忽略自己的使能位
6	TENABLE	定时器使能位 0 禁止定时器操作,定时器被置为保持状态且预定标计数器复位 1 使能定时操作
5~4	TCLKS (1, 0)	时钟源选择 00 内部时钟（例如 HSPCLK）　　　　10 保留 01 外部时钟（例如 TCLKINx）　　　　11 QEP 电路
3~2	TCLD (1, 0)	定时器比较寄存器装载条件 00 计数器值等于 0　　　　　　　　　　　　10 立即 01 计数器值等于 0 或等于周期寄存器的值　11 保留
1	TECMPR	定时器比较使能。 0 禁止定时器比较操作　　　1 使能定时器比较操作
0	SELT1PR SELT3PR	SELT1PR 是 EVA 的定时器控制位,周期寄存器选择位。当 T2CON 的该位等于 1 时,定时器 1 和定时器 2 都使用定时器 1 的周期寄存器,忽略定时器 2 的周期寄存器。T1CON 的该位保留 SELT3PR 是 EVB 的定时器控制位,周期寄存器选择位。当 T4CON 的该位等于 3 时,定时器 4 和定时器 3 都使用定时器 3 的周期寄存器,忽略定时器 4 的周期寄存器。T3CON 的该位保留 0 使用自己的周期寄存器 1 使用 T1PR（EVA）或 T3PR（EVB）的周期寄存器,不使用自己的周期寄存器

4.3 比较单元及 PWM 输出

4.3.1 比较单元功能介绍

事件管理器（EVA）模块中有 3 个比较单元（比较单元 1, 2 和 3），事件管理器（EVB）模块中也有 3 个比较单元（比较单元 4, 5 和 6）。每个比较单元都有 2 个相关的 PWM 输出。比较单元的时钟基准由通用定时器 1 和通用定时器 3 提供。事件管理器的比较单元作为 PWM 信号输出的辅助电路，主要用来控制信号处理器的 PWM 输出的占空比，其结构如图 4.14 所示。

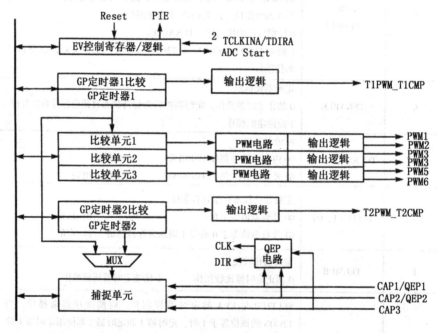

图 4.14 事件管理器比较单元

比较单元的功能结构如图 4.15 所示。核心模块是比较逻辑，主要由事件管理器定时器 1 的计数寄存器 T1CNT 和比较寄存器 CMPRx 构成。两者比较第一次匹配，则信号的上升沿将输入到"死区单元"。在同步 PWM 模式下第二次 T1CNT 和 CMPRx 匹配产生 PWM 信号的下降沿。

比较单元的输出逻辑由操作控制寄存器（Action Control Register, AC-TRA）和通用控制寄存器（COMCONA）控制，可以通过调整这两个寄存器

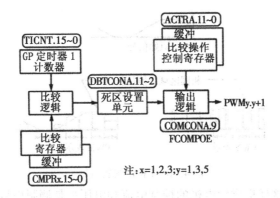

图 4.15 比较单元功能结构图

的设置调整 PWM 输出信号的波形。所有 6 个 PWM 输出均可以选择 4 种状态中的 1 种，这 4 种状态分别是：

（1）高有效。T1CNT 和 CMPRx 第一次比较匹配使 PWM 输出信号由 0 变为 1，第二次匹配发生后 PWM 输出信号又由 1 变为 0。

（2）低有效。T1CNT 和 CMPRx 第一次比较匹配使 PWM 输出信号由 1 变为 0，第二次匹配发生后 PWM 输出信号又由 0 变为 1。

（3）强制高。PWM 输出总是 1。

（4）强制低。PWM 输出总是 0。

4.3.2　PWM 信号

PWM 信号是一系列可变脉宽的脉冲信号，这些脉冲覆盖几个定长周期，从而保证每个周期都有一个脉冲输出。这个定长周期称为 PWM 载波周期，其倒数称为 PWM 载波频率。PWM 脉冲宽度则根据另一系列期望值和调制信号来确定和调制。

PWM 数字脉冲输出可以用来表征模拟信号，在 PWM 输出端进行积分（比如增加简单的低通滤波器）可以得到期望的模拟信号，如图 4.16 所示。在期望输出信号的 1 个周期内脉冲个数越多，采用 PWM 信号描述的模拟信号就越准确。习惯上经常采用 2 个不同的频率描述：载波频率（PWM 输出频率）和期望的信号频率。

在实际应用中，很多部件内部都有自己的积分器，比如电机本身就是非常理想的低通滤波器，PWM 信号的一个很重要的用途就是数字电机控制。在电机控制系统中，PWM 信号控制功率开关器件的导通和关闭，功率器件为电机的绕组提供期望的电流和能量。相电流的频率和能量可以控制电机的

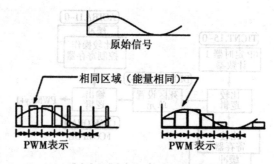

图 4.16　PWM 调制信号

转速和转矩，这样提供给电机的控制电流和电压都是调制信号，而且这个调制信号的频率比 PWM 载波频率要低。采用 PWM 控制方式可以为电机绕组提供良好的谐波电压和电流，避免因为环境变化产生的电磁扰动，并且能够显著提高系统的功率因数。未能够给电机提供具有足够驱动能力的正弦波控制信号，可以采用 PWM 输出信号经过 NPN 或 PNP 功率开关管实现，如图 4.17 所示。

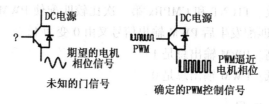

图 4.17　PWM 信号驱动开关管

采用功率开关管在输出大电流的情况下很难控制开关管工作在线性区，从而使系统产生很大的热损耗，降低电源的使用效率。不过可以使开关管工作在静态切换状态（On：$I_{ce}=I_{cesat}$，Off：$I_{ce}=0$），在该状态，开关管有较小功率损耗。

4.3.3　与比较器相关的 PWM 电路

图 4.18 为 EVA 模块的 PWM 电路功能框图，它包含以下功能单元：
- 非对称/对称波形发生器；
- 可编程死区单元（DBU）；
- 输出逻辑；
- 空间矢量（SV）PWM 状态机。

EVB 模块的 PWM 电路功能模块框图与 EVA 的一样，只是改变相应的寄存器配置。另外，非对称/对称波形发生器与在通用定时器中的一样。

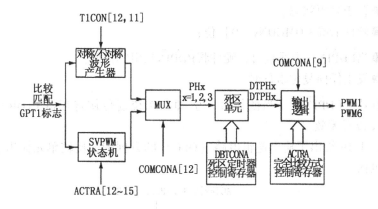

图 4.18 EVA 模块的 PWM 电路功能框图

F28x 处理器上集成的 PWM 电路，能够在电机控制和运动控制等应用领域中，减少 CPU 的开销和用户的工作量。与比较单元相关的 PWM 波形的产生由以下寄存器控制：对于 EVA 模块，由 T1CON、COMCONA、ACTRA 和 DBTCONA 控制；对于 EVB 模块，由 T3CON、COMCONB、ACTRB 和 DBT-CONB 控制。比较器及相关 PWM 信号输出可实现如下功能：

● 5 个独立的 PWM 输出，其中 3 个由比较单元产生，2 个由通用定时器产生。另外还有 3 个由比较单元产生的 PWM 互补输出；

● 比较单元产生的 PWM 输出的死区可编程配置；

● 输出脉冲信号的死区的最小宽度为 1 个 CPU 时钟周期；

● 最小的脉冲宽度是 1 个 CPU 时钟周期，脉冲宽度调整的最小量也是一个 CPU 时钟周期；

● PWM 最大分辨率为 16 位；

● 双缓冲结构可快速改变 PWM 的脉宽和载波频率；

● 带有功率驱动保护中断；

● 能够产生可编程的非对称、对称和空间矢量 PWM 波形；

● 比较寄存器和周期寄存器可自动装载，减小 CPU 的开销。

4.3.4 PWM 输出逻辑及死区控制

4.3.4.1 PWM 输出逻辑

输出逻辑电路决定了比较发生匹配时，输出引脚 PWMx（x = 1 ~ 12）的输出极性和需要执行的操作。与每个比较单元相关的输出可被规定为低电平有效、高电平有效、强制低或强制高，可以通过适当地配置 ACTR 寄存器来确定 PWM 输出的极性和操作。当下列任意事件发生时，所有的 PWM 输出引脚被置于高阻状态。

● 软件清除 COMCONx［9］位；

● 当$\overline{\text{PDPINTx}}$未屏蔽时，硬件将$\overline{\text{PDPINTx}}$引脚拉低；

● 发生任何复位事件时。

有效的$\overline{\text{PDPINTx}}$（当使能时）引脚和系统复位使寄存器 COMCONx 和 ACTRx 设置无效。

图 4.19 给出了输出逻辑电路（OLC）的方框图，比较单元输出逻辑的输入包括：

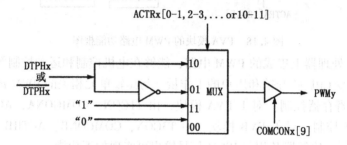

图 4.19　输出逻辑方框图（x＝1，2 或 3；y＝1，2，3，4，5 或 6）

● 来自死区单元的 DTPH1，$\overline{\text{DTPH1}}$，DTPH2，$\overline{\text{DTPH2}}$，DTPH3，$\overline{\text{DTPH3}}$和比较匹配信号；

● 寄存器 ACTRx 中的控制位；

● $\overline{\text{PDPINTx}}$和复位信号。

比较单元输出逻辑的输出包括：

● PWMx，x＝1~6（对于 EVA）；

● PWMy，y＝7~12（对于 EVB）。

4.3.4.2　死区控制

在许多运动/电机和功率电子应用中，常将功率器件上下臂串联起来控制。上下被控的臂绝对不能同时导通，否则会由于短路而击穿。因而需要一对不重叠的 PWM 输出（DTPHx 和$\overline{\text{DTPHx}}$）正确地开启和关闭上下臂。这种应用允许在一个器件开启前另一个器件已完全关闭这样的延时存在，所需的延迟时间由功率转换器的开关特性以及在具体应用中的负载特征所决定，这种延时就是死区。

死区控制为避免功率逆变电路中的"短通"提供了有效的控制方式，所谓"短通"是指同一相位的上下臂同时导通。一旦产生"短通"，将会有很大的电流流过开关管。短通主要是由于同一相位的上下臂由同一个PWM信号的正反相控制，开关管在状态切换过程中开启快于闭合，对于FET管尤为突出，从而导致开关管的上下臂同时导通。虽然在一个PWM周期内同时导通的时间非常短，流过的电流也非常有限，但在频繁开关过程中功率管会产生很大的热量，并且会影响功率逆变和供电线路。因此，在系统设计过程中要绝对避免这种情况。

避免产生短通状态可以采用2种方法：调整功率管或者调整PWM控制信号。第一种方法主要是调整功率管的闭合时间，使得功率管的断开比闭合快。可以在开关管的门电路一侧增加电阻和二级管（具有低通滤波特性），加大开关闭合的延时。第二种方法是在互补的PWM控制信号中增加死区，使一侧开关管闭合与另一侧开关管断开有一定的延时，这样可以避免同时导通，而且F28x信号处理器提供死区控制的硬件支持，不需要CPU的干预，还可以根据系统的具体需求通过软件调整死区时间的大小，如图4.20所示。

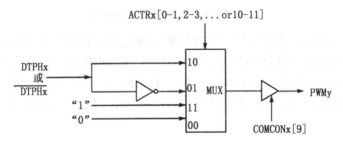

图4.20 PWM信号控制电压源型逆变器件

事件管理器模块（EVA模块和EVB模块）都有各自独立的可编程死区控制单元（分别是DBTCONA和DBTCONB），可编程死区控制单元有如下特点：

- 1个16位死区控制寄存器DBTCONx（可读写）；
- 16位输入时钟预定标器：1，1/2，1/4，1/8，1/16和1/32；
- CPU时钟输入；
- 3个4位递减计数寄存器；
- 控制逻辑（如图4.21所示）。

分别由比较单元1，2和3的非对称/对称波形产生器提供的PH1，PH2，PH3作为死区单元的输入，死区单元的输出是DTPH1，DTPH1_，DTPH2，DTPH2_，DTPH3和DTPH3_，分别相对应于PH1，PH2和PH3。对于每一个输入信号PHx，产生2个输出信号DTPHx和DTPHx_。当比较单元和其相关输出的死区未被使能时，这两个输出信号跳变沿完全相同

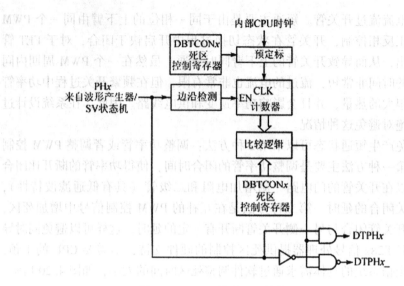

图 4.21 PWM 信号死区控制逻辑

（信号本身相反）。当比较单元的死区单元使能时，这两个信号的跳变沿被一段称作死区的时间间隔分开，这个时间段由 DBTCONx 寄存器的位来决定，如图 4.22 所示。假设 DBTCONx [11~8] 中的值为 m，且 DBTCONx [4~2] 中的值相应的预定标参数为 x/p，这时死区值为 $(p×m)$ 个 HSPCLK 时钟周期。

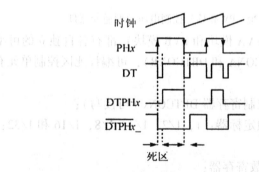

图 4.22 异步死区设置波形

4.3.5 PWM 信号的产生

为产生 PWM 信号，定时器需要重复按照 PWM 周期进行计数。比较寄存器用于保持调制值，该值一直与定时器计数器的值相比较，当两个值匹配时，PWM 输出就会产生跳变。当两个值产生第二次匹配或定时器周期结束时，会产生第二次输出跳变。通过这种方式可以产生周期与比较寄存器值成比例的脉冲信号。在比较单元中重复完成计数、匹配输出的过程，就产生了 PWM 信号。

在 EV 模块中，比较单元可以产生非对称和对称 PWM 波形。另外，3 个比较单元结合使用还可以产生三相对称空间矢量 PWM 输出。边沿触发或非对称 PWM 信号的特点是不关于 PWM 周期中心对称，脉冲的宽度只能从脉冲一侧开始变化。为产生非对称的 PWM 信号，通用定时器要设置为连续递增计数模式，周期寄存器装入所需的 PWM 载波周期的值，COMCONx 寄存器使能比较操作，并将相应的输出引脚设置成 PWM 输出。如果需要设置死区，可通过软件将所需的死区时间值写入到寄存器 DBTCONx（11：8）的 DBT（3：0）位，作为 4 位死区定时器的周期，所有的 PWM 输出通道使用一个死区值。

软件配置 ACTRx 寄存器后，与比较单元相关的 PWM 输出引脚将产生 PWM 信号。与此同时，另一个 PWM 输出引脚在 PWM 周期的开始、中间或结束处保持低电平（关闭）或高电平（开启），这种用软件可灵活控制的 PWM 输出适用于开关磁阻电机的控制。

4.3.5.1 非对称 PWM 信号的产生

通用定时器 1（或通用定时器 3）开始后，比较寄存器在执行每个 PWM 周期过程中可重新写入新的比较值，从而调整控制功率器件的导通和关闭的 PWM 输出的占空比。由于比较寄存器带有映射寄存器，所以在一个周期内的任何时候都可以将新的比较值写入到比较寄存器。同样，可以随时向周期寄存器写入新的值，从而改变 PWM 的周期或强制改变 PWM 的输出方式。

非对称 PWM 信号产生波形如图 4.23 所示。为产生非对称的 PWM 信号，通用定时器要设置为连续递增计数模式，周期寄存器装入所需的 PWM 载波周期的值，COMCONx 寄存器使能比较操作，并将相应的输出引脚设置成 PWM 输出。如果需要设置死区，可通过软件将所需的死区时间值写入到寄存器 DBTCONx（11：8）的 DBT（3：0）位。作为 4 位死区定时器的周期，所有的 PWM 输出通道使用一个死区值。

4.3.5.2 对称 PWM 信号的产生

对称 PWM 信号关于 PWM 周期中心对称，相对非对称 PWM 信号的优势在于，1 个周期内在每个 PWM 周期的开始和结束处有 2 个无效的区段。当使用正弦调整时，PWM 产生的交流电机（如感应电机、直流电机）的电

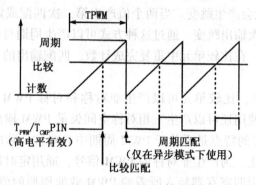

图 4.23 非对称 PWM 信号产生波形

流对称 PWM 信号比非对称的 PWM 信号产生的谐波更小。对称 PWM 信号产生波形如图 4.24 所示。

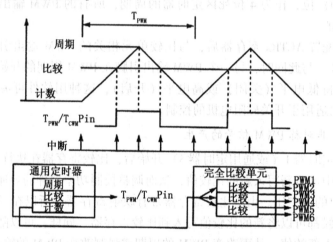

图 4.24 对称 PWM 信号产生波形

比较单元与 PWM 电路产生对称和非对称 PWM 波形基本相似，唯一不同的是，产生对称波形需要将通用定时器 1 （或通用定时器 3）设置为连续增/减计数模式。每个对称 PWM 波形产生周期产生 2 次比较匹配，一次匹配在前半周期的递增计数期间，另一次匹配在后半周期的递减计数期间。新装载的比较值在后半周期匹配生效，这样可能提前或延迟 PWM 脉冲的第二个边沿的产生。这种 PWM 波形产生的特性可以弥补在交流电机控制中由于死区而引起的电流误差。由于比较寄存器带有映射寄存器，在一个周期内的任何时候都可以装载新的值。同样，在周期寄存器内的任何时候，新值可写到周期寄存器和比较方式控制寄存器中，以改变 PWM 周期或强制改变 PWM 的输出方式。

4.3.5.3 事件管理器 SVPWM 波形产生

EV 模块的硬件结构极大地简化了空间矢量 PWM 波形的产生，此外软件还可以控制产生空间矢量 PWM 输出。为产生空间矢量 PWM 输出，用户软件必须完成下列任务：

●配置 ACTRx 寄存器，确定比较输出引脚的极性；

●配置 COMCONx 寄存器，使能比较操作和空间矢量 PWM 模式，将 CMPRx 重新装载的条件设置为下溢；

●将通用定时器 1（或通用定时器 3）设为连续增/减计数模式以便启动定时器。

然后，用户软件需要确定并分解在二维 d-q 坐标系内的电机电压 U_{out}，每个 PWM 周期完成下列操作：

●确定两个相邻矢量 U_x 和 U_{x+60}；

●确定参数 T_1，T_2 和 T_0；

●将 U_x 对应的开关状态写到 ACTRx［14~12］位，并将 1 写入 ACTRx［15］中，或将 U_{x+60} 对应的开关状态写到 ACTRx［14~12］中，将 0 写入 ACTRx［15］中；

●将值（$1/2T_1$）和（$1/2T_1+1/2T_2$）分别写到 CMPR1 和 CMPR2 中。

（1）空间矢量 PWM 的硬件。

每个空间矢量 PWM 周期，EV 模块的空间矢量 PWM 产生硬件完成下列工作：

●在每个周期的开始，根据新 U_y 的状态确定 ACTRx［14~12］设置 PWM 输出。

●在递增计数过程中，当 CMPR1 和通用定时器 1 在 $1/2T_1$ 处产生第一次比较匹配时，如果 ACTRx［15］位中的值为 1，将 PWM 输出设置为 U_{y+60}；如果 ACTRx［15］位中的值为 0，将 PWM 输出设置为 U_y（U_{0-60} = U_{300}，U_{360+60} = U_{60}）。

●在递增计数过程中，当 CMPR2 和通用定时器 1 在 $1/2T_1+1/2T_2$ 处产生第二次比较匹配时，将 PWM 输出设置为 000 或 111 状态，它们第二种状态只有 1 位的差别。

●在递减计数过程中，当 CMPR2 和通用定时器 1 在 $1/2T_1+1/2T_2$ 处产生第一次匹配时，将 PWM 输出设置为第二种输出模式。

●在递减计数过程中，当 CMPR1 和通用定时器 1 在 $1/2T_1$ 处产生第二次匹配时，将 PWM 输出设置为第一种输出模式。

（2）空间矢量 PWM 波形。

空间矢量 PWM 波形关于每个 PWM 周期中心对称，因此也称为对称空间矢量 PWM。图 4.25 给出了对称空间矢量波形的例子。

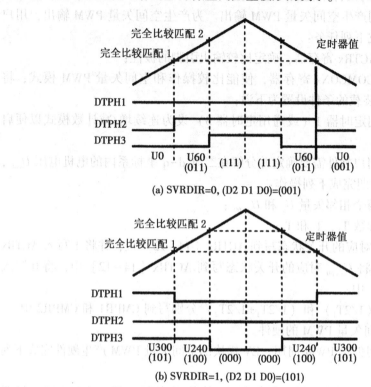

图 4.25 对称空间矢量 PWM 波形

4.3.6 比较单元寄存器

比较单元寄存器如表 4.9 所示。

表 4.9 比较单元寄存器

	名称	地址	功能描述
EVA	COMCONA	0x 7411h	比较控制寄存器 A
	ACTRA	0x 7413h	比较操作控制寄存器 A
	DBTCONA	0x 7415h	死区定时器控制寄存器 A
	CMPR1	0x 7417h	比较寄存器 1
	CMPR2	0x 7418h	比较寄存器 2
	CMPR3	0x 7419h	比较寄存器 3

续表

	名称	地址	功能描述
EVB	COMCONB	0x 7411h	比较控制寄存器 B
	ACTRB	0x 7513h	比较操作控制寄存器 B
	DBTCONB	0x 7515h	死区定时器控制寄存器 B
	CMPR4	0x 7517h	比较寄存器 4
	CMPR5	0x 7418h	比较寄存器 5
	CMPR6	0x 7419h	比较寄存器 6
EXTCONA：0x 7409　EXTCONB：0x 7509 扩展控制寄存器			

4.3.6.1 比较控制寄存器

比较控制寄存器，见图 4.26 和表 4.10。

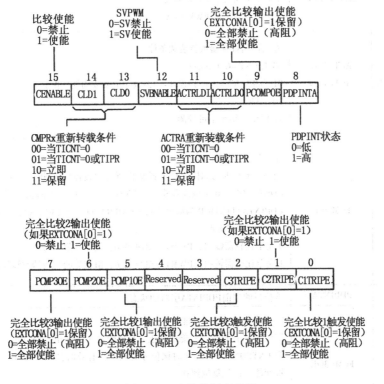

图 4.26 比较控制寄存器

表 4.10 比较器控制寄存器功能定义

位	名称	功能描述
15	CENABLE	比较器使能 0 禁止比较器操作，CMPRx，ACTRB 等寄存器编程透明 1 使能比较器操作
14, 13	CLD1, CLD0	比较器寄存器 CMPRx 重载条件 00 当 T3CNT=0 （下溢） 01 当 T3CNT=0 或 T3CNT=T3PR （下溢或周期匹配） 10 立即 11 保留；结果不可预测
12	EVENABLE	空间矢量 PWM 模式使能 0 禁止空间矢量 PWM 模式 1 使能空间矢量 PWM 模式
11, 10	ACTRLD1 ACTRLD0	方式控制寄存器重新装载条件 00 T3CNT=0 （下溢） 01 当 T3CNT=0 或 T3CNT=T3PR （下溢或周期匹配） 10 立即 11 保留；结果不可预测
9	FCMOPE	完全比较器输出使能 当该位有效时可以同时使能或禁止所有比较器的输出，只有当 EXT-CONA （0）=0 时该位有效，当 EXTCONA （0）=1 时该位保留。当 PDPINTA/T1CTRIP 为低电平且 EVAIFRA （0）=1 时，该位复位为 0 （处于有效状态时） 0 完全比较器输出，PWM1/2/3/4/5/6，处于高阻状态 1 完全比较器输出，PWM1/2/3/4/5/6，由相应的比较器逻辑控制
8	PDPINTA	该位反映当前PDPINTA引脚的状态
7	FCMP3OE	完全比较器 3 输出使能 该位 （当有效时） 使能或禁止完全比较器 3 的输出，PWM5/6。只有当 EXTCONA （0）=1 时该位才有效，当有效时如果 C3TRIP 为低且被使能，该位复位到 0 0 完全比较器 3 输出，PWM5/6，处于高阻状态 1 完全比较器 3 输出，PWM5/6，由比较器逻辑单元 3 控制

续表

位	名称	功能描述
6	FCMP2OE	完全比较器 2 输出使能 该位（当有效时）使能或禁止完全比较器 2 的输出，PWM3/4。只有当 EXTCONA（0）=1 时该位才有效，当有效时如果 C2TRIP 为低且被使能，该位复位到 0 0 完全比较器 2 输出，PWM3/4，处于高阻状态 1 完全比较器 2 输出，PWM3/4，由比较器逻辑单元 2 控制
5	FCMP1OE	完全比较器 1 输出使能 该位（当有效时）使能或禁止完全比较器 1 的输出，PWM1/2。只有当 EXTCONA（0）=1 时该位才有效，当有效时如果 C1TRIP 为低且被使能，该位复位到 0 0 完全比较器 1 输出，PWM1/2，处于高阻状态 1 完全比较器 1 输出，PWM1/2，由比较器逻辑单元 1 控制
4, 3	保留	
2	C3TRIPE	完全比较器 3 输出切换使能 该位（有效时）使能或禁止完全比较器 3 的输出关闭功能。只有当 EXT-CONA（0）=0 时该位有效，当 EXTCONA（0）=1 时该位保留 0 完全比较器 3 的输出关闭功能被禁止，C3TRIP 状态不影响比较器 3 的输出、COMCONA（8）以及 PDPINTA 标志（EVAIFRA（0）） 1 完全比较器 3 的输出关闭功能被使能，当 C3TRIP 是低时，完全比较器 3 的两个输出引脚输出高阻状态，COMCONA（8）复位为 0，并且 PDPINTA 的标志置 1
1	C2TRIPE	完全比较器 2 输出切换使能 该位（有效时）使能或禁止完全比较器 3 的输出关闭功能。只有当 EX-TCC）NA（0）=0 时该位有效，当 EXTCONA（0）=1 时该位保留 1 完全比较器 2 的输出关闭功能被禁止，C3TRIP 状态不影响比较器 2 的输出、COMCONA（7）以及 PDPINTA 标志（EVAIFRA（0）） 0 完全比较器 2 的输出关闭功能被使能，当 C3TRIP 是低时，完全比较器 2 的两个输出引脚输出高阻状态，COMCONA（7）复位为 0，并且 PDPINTA 的标志置 1
0	C1TRIPE	完全比较器 1 输出切换使能 该位（有效时）使能或禁止完全比较器 3 的输出关闭功能。只有当 EXT-CONA（0）=0 时该位有效，当 EXTCONA（0）=1 时该位保留 1 完全比较器 1 的输出关闭功能被禁止，C3TRIP 状态不影响比较器 1 的输出、COMCONA（6）以及 PDPINTA 标志（EVAIFRA（0）） 0 完全比较器 1 的输出关闭功能被使能，当 C3TRIP 是低时，完全比较器 1 的两个输出引脚输出高阻状态，COMCONA（6）复位为 0，并且 PDPINTA 的标志置 1

4.3.6.2 比较操作寄存器

比较操作寄存器，见图 4.27 和表 4.11。

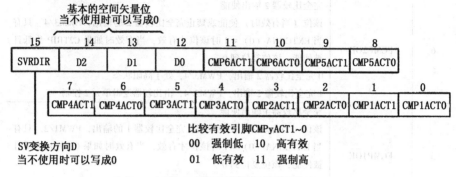

图 4.27 比较操作寄存器

表 4.11 比较方式控制寄存器功能定义

位	名称	功能描述
15	SVRDIR	空间矢量 PWM 旋转方向 只有在产生 SVPWM 输出时使用 0 正向（CCW）1 负向（CW）
14~12	D2~0	基本空间矢量位 只有在产生 SVPWM 输出时使用
11, 10	CMP12ACT1~0	比较器输出引脚 12 的输出方式 00 强制低 10 有效高 01 有效低 11 强制高
9, 8	CMP11ACT1~0	比较器输出引脚 11 的输出方式 00 强制低 10 有效高 01 有效低 11 强制高
7, 6	CMP10ACT1~0	比较器输出引脚 10 的输出方式 00 强制低 10 有效高 01 有效低 11 强制高
5, 4	CMP9ACT1~0	比较器输出引脚 9 的输出方式 00 强制低 10 有效高 01 有效低 11 强制高
3, 2	CMP8ACT1~0	比较器输出引脚 8 的输出方式 00 强制低 10 有效高 01 有效低 11 强制高
1, 0	CMP7ACT1~0	比较器输出引脚 7 的输出方式 00 强制低 10 有效高 01 有效低 11 强制高

4.3.6.3 死区定时器控制寄存器

死区定时器控制寄存器（见图 4.28 和表 4.12）。

每个比较单元都有一个死区定时器，但各比较单元共用一个时钟预定标分频器和死区周期寄存器。每个单元的死区可以独立地使能或禁止。

死区时间 = DB 周期 × DB 预定标系数 × CPUCLK 周期

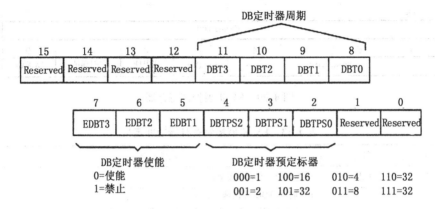

图 4.28 死区设置寄存器

表 4.12 死区设置寄存器功能定义

位	名称	功能描述
15~12	保留	保留
11~8	DBT3（MSB）~ DBT0（LSB）	死区定时器周期，定义 3 个 4 位死区计时器的周期的值
7	EDBT3	死区定时器 3 使能（比较单元 3 的 PWM5 和 6） 0 屏蔽 1 使能
6	EDBT2	死区定时器 2 使能（比较单元 2 的 PWM3 和 4） 0 屏蔽 1 使能
5	EDBT1	死区定时器 1 使能（比较单元 1 的 PWM1 和 2） 0 屏蔽 1 使能
4~2	DBPTS2~ DBPTS0	死区定时器预定标控制位 000 x/1 100 x/16 001 x/2 101 x/32 010 x/4 110 x/32 011 x/8 111 x/32 x = 器件 CPU 时钟频率
1, 0	保留	保留

4.3.6.4　EV 扩展控制寄存器

　　EXTCONA 和 EXTCONB 是附加控制寄存器，使能和禁止附加/调整的功能。可以设置 EXTCONx 寄存器使事件管理器和 240x 的事件管理器兼容。两个控制寄存器的功能基本相同，只是分别控制事件管理器 A 和事件管理器 B。图 4.29 和表 4.13 给出了 EV 扩展寄存器的功能定义。

15							8
Reserved							
7	6	5	4	3	2	1	0
Reserver				EVSOCE	QEPIE	QEPIQUAL	INDCOE

图 4.29　EV 扩展控制寄存器

表 4.13　EV 扩展控制寄存器功能定义

位	名称	功能描述
15~4	保留	读返回 0，写没有影响
3	EVSOCE	EV 启动 ADC 转换输出使能 该位使能/禁止 EV 的 ADC 开始转换输出（对于 EVA 是 EVASOCn，对于 EVB 是 EVBSOCn）。当被使能时，选定的 EV ADC 开始转换事件产生 32×HSPCLK 的负脉冲（低有效）。当选择 SOC 触发信号时，该位并不影响 EVTOADC 信号输入到 ADC 模块 0 禁止$\overline{EVSOC}$输出，$\overline{EVSOC}$处于高阻状态 1 使能$\overline{EVSOC}$输出
2	QEPIE	QEP 指数（Index）使能 该位使能/禁止 CAP3_ QEP11 作为指数输入。当被使能，CAP3 ~ QEP11 可以使配置为 QEP 计数器的定时器复位 0 禁止 CAP3_ QEP11 作为指数输入，CAP3_ QEP11 不影响配置为 QEP 计数器的定时器 1 使能 CAP3_ QEP11 作为指数输入，无论只有 CAP3_ QEP11 上的信号从 0 变到 1 或从 0 变到 1 再加上 CAP1_ QEP1 和 CAP2_ QEP2 都为高（当 EXTCONE [1] =1），都会使配置为 QEP 计数器的定时器复位到 0
1	QEPIQUAL	CAP3_ QEP11 指数限制（Qualifier）模式 该位打开或关闭 QEP 的指数限制 0 CAP3_ QEP11 限制模式关闭，允许 CAP3_ QEP11 经过限制器而不受影响 1 CAP3_ QEP11 限制模式打开，只有 CAP1_ QEP1 和 CAP2_ QEP2 都为高时才允许 0 到 1 的转换通过限制器，否则限制其输出保持低

续表

位	名称	功能描述
0	INDCOE	独立比较输出使能模式 当该位置1时，允许比较输出独立使能/禁止 0 禁止独立比较输出使能模式。GPTCONA（6）同时使能/禁止定时器 1 和 2 的输出；COMCONA（9）同时使能/禁止完全比较器 1、2 和 3 的输出，GPTCONA（12, 11, 5, 4）和 COMCONA（7~5, 2~0）不用；EVAIFRA（0）同时使能/禁止所有比较器的输出；EVAIMR（0）同时使能/禁止 PDP 中断和PDPINT信号通道 1 使能独立比较输出使能模式，比较器输出分别由 GPTCONA（5, 4）和 COMCONA（7~5）使能/禁止；比较器输出分别由 GPTCONA（12, 11）和 COMCONA（2~0）使能/禁止，GPTCONA（6）和 COMCONA（9）保留不用。当任何输入为低，EVAIFRA [0] 被置位并被使能，EVAIMRA（0）置控制中断的使能/禁止

4.4 捕获单元

4.4.1 捕获单元的应用

捕获单元能够捕获外部输入引脚的逻辑状态，并利用内部定时器对外部事件或引脚状态变化进行处理。事件管理器有 3 个捕获单元，每个都有自己独立的输入信号。捕获单元以定时器 1 或 2 为时间基准进行计数处理。当外部引脚检测到特定的状态变化时，所选用的定时器的值将被捕获并锁存到相应的 2 级 FIFO 堆栈中。此外，捕获单元 3 还可以用作 A/D 变换，从而使外部捕获事件同 A/D 转换同步。图 4.30 为捕获单元示意图。

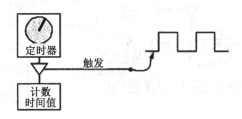

图 4.30 捕获单元示意图

一般情况下，捕获单元主要有以下几个方面的应用：
●测量脉冲或数字信号的宽度；
●自动启动 A/D 转换——捕获单元 3 捕获的事件；

●转轴的速度估计。

一般情况下，捕获单元主要有以下几个方面的应用：

●测量脉冲或数字信号的宽度；

●自动启动 A/D 转换——捕获单元 3 捕获的事件；

●转轴的速度估计。

当捕获单元利用定时器为时间基准操作时可以进行低速估计，而在低速状态下位置计数精度相对比较低，根据固定时间内的位置改变来计算速度误差比较大，因此主要采用一定位置变化所需要的时间进行低速时的速度估计。

特定时间计算速度：
$$v_k = \frac{x_k - x_{k-1}}{\Delta t}$$

特定位置计算速度：
$$v_k = \frac{\Delta x}{t_k - t_{k-1}}$$

4.4.2 捕获单元的结构

捕获单元的操作由 4 个 16 位控制寄存器（CAPCONA/B 和 CAPFIFOA/B）控制。由于捕获单元的时钟由定时器提供，在使用时，相关的定时器控制寄存器 TxCON（x=1，2，3 或 4）也控制捕获单元的操作。捕获单元的结构如图 4.31 所示，概括起来有以下特点：

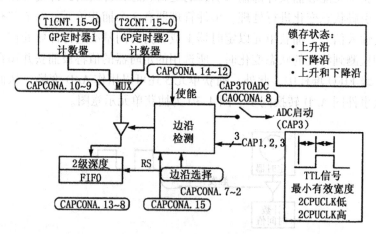

图 4.31　捕获单元结构图

● 1 个 16 位捕获控制寄存器（EVA_ CAPCONA，EVB_ CAPCONB），可读写。

● 1 个 16 位捕获 FIFO 状态寄存器（EVA_ CAPFIFOA，EVB_ CAPFI-

FOB）。

●可选择通用定时器 1 或 2（EVA）和通用定时器 3 或 4（EVB）作为时钟基准。

● 6 个 16 位 2 级深的 FIFO 堆栈。

● 6 个施密特触发捕获输入引脚，CAP1~CAP6，一个输入引脚对应一个捕获单元。所有捕获单元的输入和内部 CPU 时钟同步。为了捕获输入的跳变，输入必须在当前的电平保持 2 个 CPU 时钟的上升沿，如果使用了限制电路，限制电路要求的脉冲宽度也必须满足。输入引脚 CAP1 和 CAP2，在 EVB 中是 CAP4 和 CAP5，也能被用于正交编码脉冲电路的 QEP 输入。

●用户可设定的跳变探测（上升沿、下降沿或上升下降沿）。

● 6 个可屏蔽的中断标志位，每个捕获单元 1 个。

4.4.3 捕获单元的操作

捕获单元被使能后，输入引脚上的跳变将使所选择的通用定时器的计数值装入到相应的 FIFO 堆栈，同时如果有 1 个或多个有效捕获值存到 FIFO 堆栈（CAPxFIFO 位不等于 0），将会使相应的中断标志位置位。如果中断标志未被屏蔽，将产生一个外设中断申请。每次捕获到新的计数值存入 FIFO 堆栈时，捕获 FIFO 状态寄存器 CAPFIFOx 相应的位就进行调整，实时地反映 FIFO 堆栈的状态。从捕获单元输入引脚发生跳变到所选通用定时器的计数值被锁存需 2 个 CPU 时钟周期的延时。复位时，所有捕获单元的寄存器都被清为 0。

4.4.3.1 捕获单元时钟基准的选择

对于 EVA 模块，捕获单元 3 有自己独立的时钟基准。捕获单元 1 和 2 共同使用一个时间基准，因此同时使用 2 个通用定时器，捕获单元 1 和 2 共用 1 个，捕获单元 3 用 1 个。对于 EVB 模块，捕获单元 6 有一个独立的时钟基准。捕获单元的操作不会影响任何通用定时器的任何操作，也不会影响与通用定时器的操作相关的比较/PWM 操作。为使捕获单元能够正常工作，必须配置下列寄存器：

●初始化 CAPFIFOx 寄存器，清除相应的状态位；

●设置使用的通用定时器的工作模式；

●设置相关通用定时器的比较寄存器或周期寄存器；

●适当地配置 CAPCONA 或 CAPCONB 寄存器。

4.4.3.2 捕获单元 FIFO 堆栈的使用

每个捕获单元有一个专用的 2 级深的 FIFO 堆栈，顶部堆栈包括

CAP1FIFO，CAP2FIFO 和 CAP3FIFO（EVA）或 CAP4FIFO，CAP5FIFO 和 CAP6FIFO（EVB）。底部堆栈包括 CAP1FBOT，CAP2FBOT 和 CAP3FBOT（EVA）或 CAP4FBOT，CAP5FBOT 和 CAP6FBOT（EVB）。所有 FIFO 堆栈的顶层堆栈寄存器是只读寄存器，它存放相应捕获单元捕获到的最早的计数值。因此读取捕获单元 FIFO 堆栈时总是返回堆栈中最早的计数值。当读取 FIFO 堆栈的顶层寄存器的计数值时，堆栈底层寄存器的新计数值（如果有）将被压入顶层寄存器。

如果需要，也可以读取 FIFO 堆栈的底层寄存器。读访问可使 FIFO 的状态位变为 01（如果先前是 10 或 11）。如果原来 FIFO 状态位是 01，读取底层 FIFO 寄存器时，FIFO 的状态位变为 00（即为空）。

（1）第一次捕获。

当捕获单元的输入引脚出现跳变时，捕获单元将使用的通用定时器的计数值写入到空的 FIFO 堆栈的顶层寄存器，同时相应的状态位置为 01。如果在下一次捕获操作之前，读取了 FIFO 堆栈，则 FIFO 状态位被复位为 00。

（2）第二次捕获。

如果在前一次捕获计数值被读取之前产生了另一次捕获，新捕获到的计数值送至底层的寄存器，同时相应的寄存器状态位置为 10。如果在下一次捕获操作之前对 FIFO 堆栈进行了读操作，底层寄存器中新的计数值就会被压入到顶层寄存器，同时相应的状态位被设置为 01。第二次捕获使相应的捕获中断标志位置位，如果中断未被屏蔽，则产生一个外设中断请求。

（3）第三次捕获。

如果捕获发生时，FIFO 堆栈已有捕获到的 2 个计数值，则在顶层寄存器中最早的计数值将被弹出并丢弃，而堆栈底层寄存器的值将被压入到顶层寄存器中，新捕获到的计数值将被压入到底层寄存器中，并且 FIFO 的状态位被设置为 11 以表明 1 个或更多旧的捕获计数值已被丢弃。第三次捕获使相应的捕获中断标志位置位。如果中断未被屏蔽，则产生一个外设中断请求。

4.4.3.3 捕获中断

当捕获单元完成一个捕获时，在 FIFO 中至少有一个有效的值（CAPxFIFO 位显示不等于 0），如果中断未被屏蔽，中断标志位置位，产生一个外设中断请求。因此，如果使用了中断，则可用中断服务子程序读取到一对捕获的计数值。如果不希望使用中断，则可通过查询中断标志位或堆栈状态位来确定是否发生了 2 次捕获事件，若已发生，则捕获到的计数值可以被读出。

4.4.4 捕获单元相关寄存器

表4.14为EV扩展控制寄存器功能定义。

表 4.14 EV 扩展控制寄存器功能定义

	名称	地址	功能描述
EVA	CAPCONA	0x007420	捕捉单元控制寄存器 A
	CAPFIFOA	0x007422	捕捉单元 FIFO 状态寄存器 A
	CAP1FIFO	0x007423	2 级深度 FIFO 1 堆栈
	CAP2FIFO	0x007424	2 级深度 FIFO 2 堆栈
	CAP3FIFO	0x007425	2 级深度 FIFO 3 堆栈
	CAP1FBOT	0x007427	FIFO 1 栈底寄存器
	CAP2FBOT	0x007427	FIFO 2 栈底寄存器
	CAP3FBOT	0x007427	FIFO 3 栈底寄存器
EVB	CAPCONB	0x007420	捕捉单元控制寄存器 B
	CAPFIFOB	0x007422	捕捉单元 FIFO 状态寄存器 B
	CAP4FIFO	0x007423	2 级深度 FIFO 4 堆栈
	CAP5FIFO	0x007424	2 级深度 FIFO 5 堆栈
	CAP6FIFO	0x007425	2 级深度 FIFO 6 堆栈
	CAP4FBOT	0x007427	FIFO 4 栈底寄存器
	CAP5FBOT	0x007427	FIFO 5 栈底寄存器
	CAP6FBOT	0x007427	FIFO 6 栈底寄存器
EXTCONA 0x007409/EXTCONB 0x007509 外部控制寄存器			

4.4.4.1 捕获单元控制寄存器

捕获单元控制寄存器，见图4.32和表4.15。

15	14	13	12	11	10	9	8
CAPRES	CAPOEPN		CAP3EN	Reserved	CAP3TSEL	CAP12TSEL	CAP3TOADC

7, 6	5, 4	3, 2	1, 0
CAP1EDGE	CAP2EDGE	CAP3EDGE	Reserved

图 4.32 捕获单元控制寄存器

表 4.15 捕获单元控制寄存器

位	名称	功能描述
15	CAPRES	捕获单元复位,读总返回 0 0 将所有捕获单元的寄存器清 0 1 无操作
14, 13	CAPQEPN	捕获单元 1 和 2 使能 00 禁止捕获单元 1 和 2,FIFO 堆栈保留其内容 10 保留 01 使能捕获单元 1 和 2 11 保留
12	CAP3EN	捕获单元 3 使能 0 禁止捕获单元 3,FIFO 堆栈保留其内容 1 使能捕获单元 3
11	保留	读返回 0,写没有影响
10	CAP3TSEL	为捕获单元 3 选择通用目的定时器 0 选择通用目的定时器 2 1 选择通用目的定时器 1
9	CAP12TSEL	为捕获单元 1 和 2 选择通用目的定时器 0 选择通用目的定时器 2 1 选择通用目的定时器 1
8	CAP3TOADC	捕获单元 3 事件启动 ADC 0 无操作 1 当 CAP3INT 标志置位时启动 ADC
7, 6	CAP1EDGE	捕获单元 1 的边沿检测控制 00 不检测 10 检测下降沿 01 检测上升沿 11 两个边沿都检测
5, 4	CAP2EDGE	捕获单元 2 的边沿检测控制 00 不检测 10 检测下降沿 01 检测上升沿 11 两个边沿都检测
3, 2	CAP3EDGE	捕获单元 3 的边沿检测控制 00 不检测 10 检测下降沿 01 检测上升沿 11 两个边沿都检测
1, 0	保留	读返回 0,写没有影响

4.4.4.2 捕获单元结果及其状态寄存器

捕获单元 FIFO 状态寄存器 CAPFIFOA 反映了 3 个 FIFO 结果寄存器的状态，如图 4.33 所示。寄存器说明如表 4.16 所示。

15, 14	13, 12	11, 10	9, 8	7~0
Reserved	CA3FIFO	CAP2FIFO	CAP1FIFO	Reserved

图 4.33 捕获单元 FIFO 状态寄存器

表 4.16 捕获单元 FIFO 状态寄存器 A 说明

位	名称	功能描述
15, 14	保留	读返回 0，写没有影响
13, 12	CAP3FIFO	CAP3FIFO 状态 00 空 01 有 1 个入口 10 有 2 个入口 11 有 2 个入口并且已经捕获另一个；第一个已经丢弃
11, 10	CAP2FIFO	CAP2FIFO 状态 00 空 01 有 1 个入口 10 有 2 个入口 11 有 2 个入口并且已经捕获另一个；第一个已经丢弃
9, 8	CAP1FIFO	CAP1FIFO 状态 00 空 01 有 1 个入口 10 有 2 个入口 11 有 2 个入口并且已经捕获另一个；第一个已经丢弃
7~0	保留	读返回 0，写没有影响

4.5 正交编码脉冲单元

4.5.1 光电编码器原理

光电编码器，是一种通过光电转换将输出轴上的机械几何位移量转换成脉冲或数字量的传感器，是目前应用最多的传感器。一般的光电编码器主要由光栅盘和光电检测装置组成。在伺服系统中，由于光电码盘与电动机同轴，电动机旋转时，光栅盘与电动机同速旋转，经发光二极管等电子元件组成的检测装置检测输出若干脉冲信号，其原理如图 4.34 所示。通过计算每秒光电编码器输出脉冲的个数就能反映当前电动机的转速。此外，为判断旋转方向，码盘还可提供相位相差 90°的 2 个通道的光码输出，根据双通道光码的状态变化确定电机的转向。根据检测原理。编码器可分为光学式、磁式、感应式和电容式。根据其刻度方法及信号输出形式，可分为增量式、绝对式以及混合式 3 种。

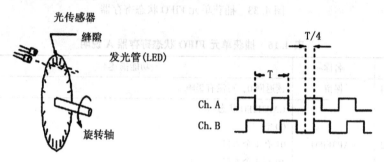

图 4.34　光电编码器原理及输出

4.5.2　正交编码脉冲单元结构及其接口

每个事件管理器模块都有一个正交编码脉冲（QEP）电路。如果 QEP 电路被使能，可以对 CAP1/QEP1 和 CAP2/QEP2（对于 EVA）或 CAP4/QEP3 和 CAP5/QEP4（对于 EVB）引脚上的正交编码脉冲进行解码和计数。QEP 电路可用于连接光电编码器，获得旋转机器的位置和速率等信息。如果使能 QEP 电路，CAP1/CAP2 和 CAP4/CAP5 引脚上的捕获功能将被禁止。

QEP 单元通常情况下用来从安装在旋转轴上的增量编码电路获得方向和速度信息。如图 4.35 所示，两个传感器产生"通道 A"和"通道 B"两个数字脉冲信号。这两个数字脉冲可以产生 4 种状态，QEP 单元的定时器

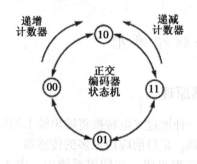

图 4.35　电编码器输出状态机图

根据状态变化次序和状态转换速度递增或者递减计数。在固定的时间间隔内读取并比较定时器计数器的值就可以获得速度或者位置信息。

3 个 QEP 输入引脚同捕获单元 1, 2, 3（或 4, 5, 6）共用，外部接口引脚的具体功能由 CAPCONx 寄存器设置。QEP 单元的接口结构如图 4.36 所示，内部结构及外部接口如图 4.37 所示。

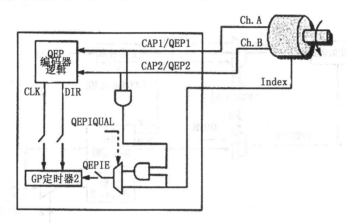

4.36 QEP 单元接口结构图

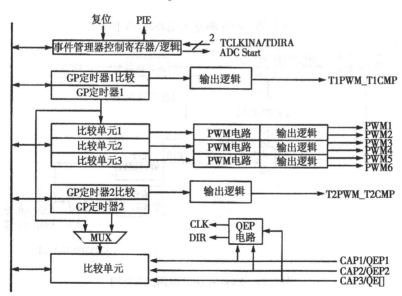

图 4.37 QEP 单元内部结构及外部接口

4.5.3 QEP 电路时钟

通用定时器 2（EVB 为通用定时器 4）为 QEP 电路提供基准时钟。通用定时器作为 QEP 电路的基准时钟时，必须工作在定向增/减计数模式。图 4.38 给出了 EVA 的 QEP 电路的方框图，图 4.39 给出了 EVB 的 QEP 电路的方框图。

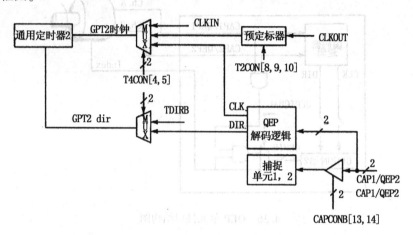

图 4.38　EVA 的 QEP 电路的方框图

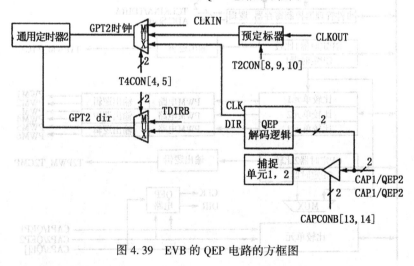

图 4.39　EVB 的 QEP 电路的方框图

4.5.4 QEP 的解码

正交编码脉冲是两个频率可变、有固定 1/4 周期相位差（即 90°）的脉冲序列。当电机轴上的光电编码器产生正交编码脉冲时，可以通过两路脉冲的先后次序确定电机的转动方向，根据脉冲的个数和频率分别确定电机的角位置和角速度。

4.5.4.1 QEP 电路

EV 模块中的 QEP 电路的方向检测逻辑确定哪个脉冲序列相位超前，然后产生一个方向信号作为通用定时器 2（或 4）的方向输入。如果 CAP1/QEP1（对于 EVB 是 CAP4/QEP3）引脚的脉冲输入是相位超前脉冲序列，那么定时器就进行递增计数；相反，如果 CAP2/QEP2（对于 EVB 是 CAP5/QEP4）引脚的脉冲输入是相位超前脉冲序列，则定时器进行递减计数。

正交编码脉冲电路对编码输入脉冲的上升沿和下降沿都进行计数。因此，由 QEP 电路产生的通用定时器（通用定时器 2 或 4）的时钟输入是每个输入脉冲序列频率的 4 倍，这个正交时钟作为通用定时器 2 或 4 的输入时钟，如图 4.40 所示。

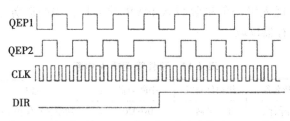

图 4.40　正交编码脉冲、译码定时器时钟及方向信号

4.5.4.2 QEP 计数

通用定时器 2（或 4）总是从其当前值开始计数，在使能 QEP 模式前，将所需的值装载到通用定时器的计数器中。当选择 QEP 电路作为时钟源时，定时器的方向信号 TDIRA/B 和 TCLKINA/B 不起作用。用 QEP 电路作为时钟，通用定时器的周期、下溢、上溢和比较中断标志在相应的匹配时产生。如果中断未被屏蔽，将产生外设中断请求。

4.5.5　QEP 电路的寄存器设置

启动 EVA 的 QEP 电路的设置如下：
● 根据需要将期望的值载入到通用定时器 2 的计数器、周期和比较寄存器；
● 配置 T2CON 寄存器，使通用定时器 2 工作在定向增/减模式，QEP 电路作为时钟源，并使能使用的通用定时器；
● 设置 CAPCONA 寄存器以使能正交编码脉冲电路。
启动 EVB 的 QEP 电路的设置如下：

●根据需要将期望的值载入到通用定时器 4 计数器、周期和比较寄存器;

●配置 T4CON 寄存器，使通用定时器 2 工作在定向增/减模式，QEP 电路作为时钟源，并使能使用的通用定时器;

●设置 CAPCONB 寄存器以使能正交编码脉冲电路。

4.6 事件管理器中断

事件管理器的中断模块分成 3 组：A，B 和 C，每组都有相应的中断标志和中断使能寄存器。每个事件管理器中断组都有几个事件管理器外设中断请求，表 4.17 给出了所有 EVA 的中断、极性和分组的情况；表 4.18 给出了所有 EVB 的中断、极性和分组的情况。响应外设中断请求时，相应的外设中断矢量由 PIE 控制器装载入外设中断矢量寄存器（PIVR）。被使能挂起事件中的最高优先级的矢量装载入 PIVR 的矢量，中断服务子程序（ISR）可以从矢量寄存器读取。

表 4.17 事件管理器 A 中断

中断组	中断名称	组内优先级	中断向量	描述	中断
A	PDPINTA	1（最高）	0x0020	功率驱动保护中断 A	1
	CMP1INT	2	0x0021	比较单元 1 比较中断	
	CMP2INT	3	0x0022	比较单元 2 比较中断	
	CMP3INT	4	0x0023	比较单元 3 比较中断	
	T1PINT	5	0x0027	通用定时器 1 周期中断	2
	T1CINT	6	0x0028	通用定时器 1 比较中断	
	T1UFINT	7	0x0029	通用定时器 1 下溢中断	
	T1OFINT	8	0x002A	通用定时器 1 上溢中断	
B	T2PINT	1	0x002B	通用定时器 2 周期中断	3
	T2CINT	2	0x002C	通用定时器 2 比较中断	
	T2UFINT	3	0x002D	通用定时器 2 下溢中断	
	T2OFINT	4	0x002E	通用定时器 2 上溢中断	
C	CAP1INT	1	0x0033	捕获单元 1 中断	4
	CAP2INT	2	0x0034	捕获单元 2 中断	
	CAP3INT	3（最低）	0x0035	捕获单元 3 中断	

表 4.18　事件管理器 B 中断

中断组	中断名称	组内优先级	中断向量	描述	中断
A	PDPINTB	1（最高）	0x0019	功率驱动保护中断 A	1
	CMP4INT	2	0x0024	比较单元 4 比较中断	
	CMP5INT	3	0x0025	比较单元 5 比较中断	
	CMP6INT	4	0x0026	比较单元 6 比较中断	
	T3PINT	5	0x002F	通用定时器 3 周期中断	2
	T3CINT	6	0x0030	通用定时器 3 比较中断	
	T3UFINT	7	0x0031	通用定时器 3 下溢中断	
	T3OFINT	8	0x0032	通用定时器 3 上溢中断	
B	T4PINT	1	0x0039	通用定时器 4 周期中断	3
	T4CINT	2	0x003A	通用定时器 4 比较中断	
	T4UFINT	3	0x003B	通用定时器 4 下溢中断	
	T4OFINT	4	0x003C	通用定时器 4 上溢中断	
C	CAP4INT	1	0x0036	捕获单元 4 中断	4
	CAP5INT	2	0x0037	捕获单元 5 中断	
	CAP6INT	3（最低）	0x0038	捕获单元 5 中断	

4.6.1　中断产生及中断矢量

当 EV 模块中有中断产生时，EV 中断标志寄存器相应的中断标志位被置位为 1。如果标志位未被局部屏蔽（在 EVAIMRx 中相应的位被置 1），外设中断扩展控制器将产生一个外设中断。

当响应外设中断申请时，所有被置位和使能的具有最高优先权的标志位的外设中断矢量将被装载入 PIVR。

在外设寄存器中的中断标志必须在中断服务子程序中使用软件写 1 到该位才能清除。如果不能够成功地清除该位，会导致将来产生相同中断时不发出中断请求。

4.6.2　定时器的中断

事件管理器的中断标志寄存器 EVAIFRA，EVAIFRB，EVB1FRA 和 EVBIFRB 提供 16 个中断标志，每个定时器都可以产生 4 种类型的中断：定时器下溢（计数值等于 0）、定时器比较匹配（计数值等于比较寄存器的值）、定时器周期匹配（计数值等于周期寄存器的值）和定时器上溢（计数值等于 0xFFFF)。表 4.19 和图 4.43 给出了 4 种定时器产生中断的条件。

表 4.19 定时器中断产生类型和产生条件

中断	产生条件
下溢	当计数器等于 0x0000
上溢	当计数器等于 0xFFFF
比较	当计数寄存器的值和比较寄存器匹配时
周期	当计数寄存器的值和周期寄存器匹配时

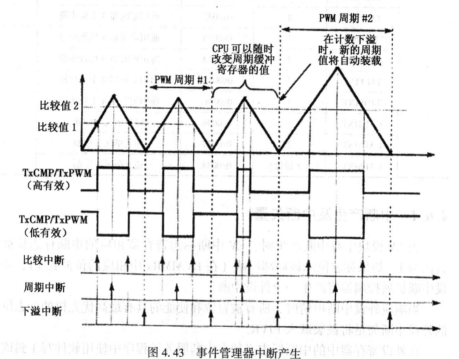

图 4.43 事件管理器中断产生

图 4.43 假定定时器采用递增/递减计数模式，并且在定时器启动时将比较值#1 装载到 TxCMPR 寄存器，将周期#1 装载到 TxPR 寄存器。在第二个定时器技术周期内将 TxCMPR 的值由比较值 1 改变成比较值 2，由于比较寄存器有后台缓冲寄存器，因此可以在下一个满足重新装载条件时将比较寄存器进行装载，这样在周期 2 内改变的比较寄存器的值，在周期 3 就可以使输出波形得到改变。如果在周期 3 改变周期寄存器 TxPR 的值，则在第 4 个定时器周期就可以使定时器技术周期改变。

4.6.3　捕获中断

当捕获单元完成一个捕获时，在 FIFO 中至少有 1 个有效的值（CAPxFIFO位显示不等于 0），如果中断未被屏蔽，中断标志位置位，产生一个外设中断请求。因此，如果使用了中断，可用中断服务子程序读取到一对捕获的计数值。如果不希望使用中断，则可通过查询中断标志位或堆栈状态位来确定是否发生了 2 次捕获事件；若已发生，则捕获到的计数值可以被读出。

4.6.4　中断寄存器

每个 EV 中断组都有一个中断标志寄存器和一个相应的中断屏蔽寄存器，如表 4.20 所列。如果在 EVAIMRx 中相应的位为 0，在 EVAIFRx（x=A，B 或 C）中的标志位被屏蔽（将不会产生外设中断请求）。下面给出事件管理器 A 的中断相关寄存器，事件管理器 B 的中断寄存器除了处理使用定时器 3 和输出比较单元使用的是 4，5，6 外，其他的基本与事件管理器 A 的中断相关寄存器相同，这里不做详细介绍。

表 4.20　中断标志寄存器和相应的中断屏蔽寄存器

标志寄存器	屏蔽寄存器	事件管理器模块	标志寄存器	屏蔽寄存器	事件管理器模块
EVAIFRA	EVAIMRA		EVBIFRA	EVBIMRA	
EVAIFRB	EVAIMRB	EVA	EVBIFRB	EVBIMRB	EVB
EVAIFRC	EVAIMRC		EVBIFRC	EVBIMRC	

4.6.4.1　EVA 中断标志寄存器

（1）EVA 中断标志寄存器 A（EVAIFRA）。

中断标志寄存器作为 16 位的存储器映射寄存器处理，没有用到的位在软件进行读操作时都返回 0，写没有影响。由于 EVxIFRx 是可读寄存器，当中断被屏蔽时，可以使用软件读取寄存器监测中断事件。图 4.44 和表 4.21 给出了 EVA 中断标志控制寄存器 A 的功能定义。

	15	14	13	12	11	10	9	8
EVAIFRA @0x742F	–	–	–	–	–	TIPFINT	TIUFINT	TICINT
	7	6	5	4	3	2	1	0
读： 0= 无事件 1= 标志复位	TIPINT	–	–	–	CMP3INT	CMP2INT	CMP1INT	PDPINTA

图 4.44　EVA 中断标志寄存器 A

表 4.21　EVA 中断标志寄存器 A 功能定义

位	名称	功能描述	
15~11	保留	读返回 0，写没有影响	
10	T1OFINT	通用定时器 1 上溢中断 读：0 标志复位 1 标志置位	写：0 没有影响 1 复位标志
9	T1UFINT	通用定时器 1 下溢中断 读：0 标志复位 1 标志置位	写：0 没有影响 1 复位标志
8	T1CINT	通用定时器 1 比较中断 读：0 标志复位 1 标志置位	写：0 没有影响 1 复位标志
7	T1PINT	通用定时器 1 周期中断 读：0 标志复位 1 标志置位	写：0 没有影响 1 复位标志
6~4	保留	读返回 0，写没有影响	
3	CMP3INT	比较器 3 中断 读：0 标志复位 1 标志置位	写：0 没有影响 1 复位标志
2	CMP2INT	比较器 2 中断 读：0 标志复位 1 标志置位	写：0 没有影响 1 复位标志
1	CMP1INT FLAG	比较器 1 中断 读：0 标志复位 1 标志置位	写：0 没有影响 1 复位标志
0	PDPINTA FLAG	功率驱动保护中断标志 该位与 EXTCONA（0）的设置有关，当 EXTCONA（0）＝0 时其定义 和 240x 又相同；EXTCONA（0）＝1 时，当任何比较输出为低且被使 能时该位置位。 读：0 标志复位　　　写：0 没有影响 1 标志置位　　　　1 复位标志	

（2）EVA 中断标志寄存器 B（EVAIFRB）。

图 4.45 和表 4.22 给出了 EVA 中断标志控制寄存器 B 的功能定义。

```
        15    14    13    12    11    10    9     8
EVAIFRB ┌────┬────┬────┬────┬────┬────┬────┬────┐
@0x7430 │ -  │ -  │ -  │ -  │ -  │ -  │ -  │ -  │
        └────┴────┴────┴────┴────┴────┴────┴────┘
        7     6     5     4     3     2     1     0
写:      ┌────┬────┬────┬────┬──────┬──────┬─────┬─────┐
0= 无影响 │ -  │ -  │ -  │ -  │T2OFINT│T2UFINT│T2CINT│T2PINT│
1= 复位标志└────┴────┴────┴────┴──────┴──────┴─────┴─────┘
```

图 4.45 EVA 中断标志寄存器 B

表 4.22   EVA 中断标志寄存器 B 功能定义

位	名称	功能描述
15~4	保留	读返回 0，写没有影响
3	T2OFINT FLAG	通用定时器 2 上溢中断 读：0 标志复位　　　　写：0 没有影响 　　　1 标志置位　　　　　　1 复位标志
2	T2UFINT FLAG	通用定时器 2 下溢中断 读：0 标志复位　　　　写：0 没有影响 　　　1 标志置位　　　　　　1 复位标志
1	T2CINT FLAG	通用定时器 2 比较中断 读：0 标志复位　　　　写：0 没有影响 　　　1 标志置位　　　　　　1 复位标志
0	T2PINT FLAG	通用定时器 2 周期中断 读：0 标志复位　　　　写：0 没有影响 　　　1 标志置位　　　　　　1 复位标志

（3）EVA 中断标志寄存器 C（EVAIFRC）。

图 4.46 和表 4.23 给出了 EVA 中断标志控制寄存器 C 的功能定义。

```
        15    14    13    12    11    10    9     8
EVAIFRB ┌────┬────┬────┬────┬────┬────┬────┬────┐
@0x7431 │ -  │ -  │ -  │ -  │ -  │ -  │ -  │ -  │
        └────┴────┴────┴────┴────┴────┴────┴────┘
        7     6     5     4     3     2      1      0
        ┌────┬────┬────┬────┬────┬──────┬──────┬──────┐
        │ -  │ -  │ -  │ -  │ -  │CAP3INT│CAP2INT│CAP1INT│
        └────┴────┴────┴────┴────┴──────┴──────┴──────┘
```

图 4.46 EVA 中断标志寄存器 C

表 4.23 EVA 中断标志寄存器 C 功能定义

位	名称	功能描述	
15~3	保留	读返回 0，写没有影响	
2	CAP3INT FLAG	捕捉单元 3 中断 读：0 标志复位 1 标志置位	写：0 没有影响 1 复位标志
1	CAP2INT FLAG	捕捉单元 2 中断 读：0 标志复位 1 标志置位	写：0 没有影响 1 复位标志
0	CAP1INT FLAG	捕捉单元 1 中断 读：0 标志复位 1 标志置位	写：0 没有影响 1 复位标志

4.6.4.2 EVA 中断屏蔽寄存器

（1）EVA 中断屏蔽寄存器 A（EVAIMRA）。

图 4.47 和表 4.24 给出了 EVA 中断屏蔽寄存器 A 的功能定义（地址：742EH）。

15	14	13	12	11	10	9	8
—	—	—	—	—	TIOFINT	TIUFINT	TICINT

7	6	5	4	3	2	1	0
T1PINT	—	—	—	CMP3INT	CMP2INT	CMP1INT	PDPINT

中断屏蔽位
0=禁止中断
1=使能中断

位	事件
10	定时器1上溢
9	定时器1下溢
8	定时器1比较匹配
7	定时器1周期匹配
3	比较单元3，比较匹配
2	比较单元2，比较匹配
1	比较单元1，比较匹配
0	功率驱动保护

图 4.47 EVA 中断屏蔽寄存器 A

表 4.24 EVA 中断屏蔽寄存器 A 功能定义

位	名称	功能描述
15~11	保留	读返回 0, 写没有影响
10	T1OFINT	T1OFINT 使能: 0 为禁止; 1 为使能
9	T1UFINT	T1UFINT 使能: 0 为禁止; 1 为使能
8	T1CINT	T1CINT 使能: 0 为禁止; 1 为使能
7	T1PINT	T1PINT 使能: 0 为禁止; 1 为使能
6~4	保留	读返回 0, 写没有影响
3	CMP3INT	CMP3INT 使能: 0 为禁止; 1 为使能
2	CMP2INT	CMP2INT 使能: 0 为禁止; 1 为使能
1	CMP1INT	CMP1INT 使能: 0 为禁止; 1 为使能
0	PDPINTA	PDPINTA 使能 该位与 EXTCONA (0) 的设置有关, 当空 EXTCONA (0) = 0 时其定义和 240x 相同, 也就是该位使能/禁止 PDP 中断和 $\overline{PDPINT}$ 引脚连接的比较器输出缓冲的通道。EXTCONA (0) = 1 时, 该位只是 PDP 中断的使能/禁止位 0 为禁止; 1 为使能

（2）EVA 中断屏蔽寄存器 B（EVAIMRB）。

图 4.48 和表 4.25 给出了 EVA 中断屏蔽寄存器 B 的功能定义（地址：742DH）。

15	14	13	12	11	10	9	8
—	—	—	—	—	—	—	—

7	6	5	4	3	2	1	0
—	—	—	—	T2OFINT	T2UFINT	T2CINT	T2PINT

中断屏蔽位   位   事 件
0=禁止中断   3   定时器2上溢
1=使能中断   2   定时器2下溢
              1   定时器1比较匹配
              0   定时器2周期匹配

图 4.48 EVA 中断屏蔽寄存器 B

表 4.25　EVA 中断屏蔽寄存器 B 功能定义

位	名称	功能描述
15~4	保留	读返回 0，写没有影响
3	T2OFINT	T2OFINT 使能：0 为禁止，1 为使能
2	T2UFINT	T2UFINT 使能：0 为禁止；1 为使能
1	T2CINT	T2CINT 使能：0 为禁止；1 为使能
0	T2PINT	T2PINT 使能：0 为禁止；1 为使能

（3）EVA 中断屏蔽寄存器 C（EVAIMRC）。

图 4.49 和表 4.26 给出了 EVA 中断屏蔽寄存器 C 的功能定义（地址：742EH）。

15	14	13	12	11	10	9	8
—	—	—	—	—	—	—	—

7	6	5	4	3	2	1	0
—	—	—	—	—	CAP3INT	CAP2INT	CAP1INT

中断屏蔽位	位	事　件
0=禁止中断	2	捕获单元3输入
1=使能中断	1	捕获单元2输入
	0	捕获单元1输入

图 4.49　EVA 中断屏蔽寄存器 C

表 4.26　EVA 中断屏蔽寄存器 C 功能定义

位	名称	功能描述
15~3	保留	读返回 0，写没有影响
2	CAP3INT	CAP3INT 使能：0 为禁止；1 为使能
1	CAP2INT	CAP2INT 使能：0 为禁止；1 为使能
0	CAP1INT	CAP1INT 使能：0 为禁止；1 为使能

思考题

（1）简述 TMS320F2812 事件管理器基本组成部分。

（2）读下图，简述波形图产生的过程（包括 PWM 波形周期变化，以及三种中断的产生）。

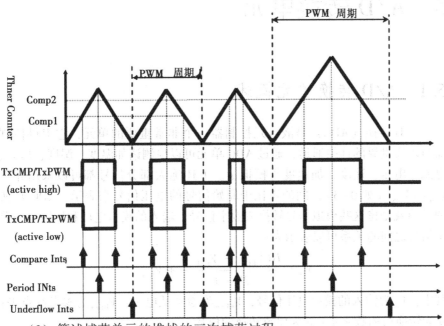

（3）简述捕获单元的堆栈的三次捕获过程。

（4）简述如何设置死区。

（5）简述正交编码脉冲单元结构及工作原理。

5 A/D 转换单元

5.1 A/D 转换单元概述

A/D 转换（ADC）是嵌入式控制器一个非常重要的单元，它提供控制器与现实世界的连接通道，通过 ADC 单元可以检测诸如温度、湿度、压力、电流、电压、速度、加速度等模拟量。上述绝大部分信号都可以采用介于 V_{min} 和 V_{max}（如 0~3V）间的正比于原始信号的电压信号来表示，ADC 转换的目的就是将这些模拟信号转换成数字信号，输入的模拟电压和转换后的数字信号之间的关系可以表示为：

$$V_{in} = \frac{D(V_{REF+} - V_{REF-})}{2^n - 1} + V_{REF-}$$

其中：V_{in} 为输入的模拟电压信号；V_{REF-} 为参考低电平；V_{REF+} 为参考高点平；D 为转换后的数字量；n 为模数转换的位数。

在 TMS32OF281x ADC 模块是一个 12 位带流水线的模/数转换器，模/数转换单元的模拟电路包括前向模拟多路复用开关（MUX）、采样/保持（S/H）电路、A/D 转换内核、电压参考以及其他模拟辅助电路。模数转换单元的数字电路包括可编程转换序列器、结果寄存器、与模拟电路的接口、与芯片外设总线的接口以及同其他片上模块的接口。

为满足绝大多数系统多传感器的需要，F2812 的模/数转换模块有 16 个通道，可配置为 2 个独立的 8 通道模块，分别服务于事件管理器 A 和 B，2 个独立的 8 通道模块也可以级联构成 1 个 16 通道模块。尽管在模/数转换模块中有多个输入通道和 2 个排序器，但仅有 1 个转换器，图 5.1 给出了 F2812 的 ADC 模块的功能框图。

2 个 8 通道模块能够自动排序，每个模块可以通过多路选择器（MUX）选择 8 通道中的任何一个通道。在级联模式下，自动排序器将变成 16 通道。对于每个通道而言，一旦 ADC 完成，将会把转换结果存储到结果寄存器（ADCRESUILT）中。自动排序器允许对同一个通道进行多次采样，用户可以完成过采样算法，这样可以获得更高的采样精度。

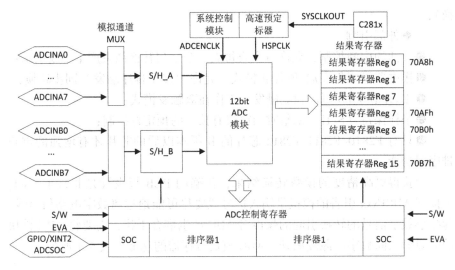

图 5.1 ADC 模块功能框图

ADC 模块主要包括以下特点：

● 12 位模/数转换模块 ADC。

●两个采样和保持（S/H）器。

●同时或顺序采样模式。

●模拟输入电压范围：0~3V。

●快速的转换时间，ADC 时钟可以配置为 25MHz，最高采样带宽 12.5Msps。

● 16 通道模拟输入。

●自动排序功能支持 16 通道独立循环"自动转换"，每次转换的通道可以软件编程选择。

●排序器可以工作在两个独立的 8 通道排序器模式，也可以工作在 16 通道级联模式。

● 16 个结果寄存器存放 ADC 的转换结果，转换后的数字量表示为：

$$数字值 = 4\,095 \times \frac{输入模拟值 - ADCLO}{3}$$

●有多个触发源启动 ADC 转换（SOC）：

◆ S/W——软件立即启动；

◆ EVA——事件管理器 A（在 EVA 中有多个事件源可启动 A/D 转换）；

◆ EVB——事件管理器 B（在 EVB 中有多个事件源可启动 A/D 转

换);

◆外部引脚。

●灵活的中断控制,允许每个或每隔一个序列转换结束产生中断请求;

●排序器可工作在启动/停止模式,允许"多个排序触发"同步转换;

● EVA 和 EVB 可以独立触发,工作在双触发模式;

●采样保持(S/H)采集时间窗口有独立的预定标控制;

●只有 F2810/F2811/F2812 芯片的 B 版本以后的芯片才有增强的重叠排序器功能。

为获得更高精度的模数转换结果,正确的 PCB 板设计是非常重要的。连接到 ADCINxx 引脚的模拟量输入信号线要尽可能地远离数字电路信号线。为减小数字信号的转换引起的噪声对 ADC 产生耦合干扰,需要将 ADC 模块的电源输入同数字电源隔离开。ADC 模块寄存器的功能如表 5.1 所列。

表 5.1 ADC 模块的寄存器

名称	地址	占用空间	功能描述
ADCTRL1	0x0000 7100	1	ADC 控制寄存器 1
ADCTRL2	0x0000 7101	1	ADC 控制寄存器 2
ADCMAXCONV	0x0000 7102	1	最大转换通道寄存器
ADCCHSELSEQ1	0x0000 7103	1	通道选择排序控制寄存器 1
ADCCHSELSEQ2	0x0000 7104	1	通道选择排序控制寄存器 2
ADCCHSELSEQ3	0x0000 7105	1	通道选择排序控制寄存器 3
ADCCHSELSEQ4	0x0000 7106	1	通道选择排序控制寄存器 4
ADCASEQSR	0x0000 7107	1	自动排序状态寄存器
ADCRESULT0	0x0000 7108	1	ADC 结果寄存器 0
ADCRESULT1	0x0000 7109	1	ADC 结果寄存器 1
ADCRESULT2	0x0000 710A	1	ADC 结果寄存器 2
ADCRESULT3	0x0000 710B	1	ADC 结果寄存器 3
ADCRESULT4	0x0000 710C	1	ADC 结果寄存器 4
ADCRESULT5	0x0000 710D	1	ADC 结果寄存器 5
ADCRESULT6	0x0000 710E	1	ADC 结果寄存器 6
ADCRESULT7	0x0000 710F	1	ADC 结果寄存器 7
ADCRESULT8	0x0000 7110	1	ADC 结果寄存器 8
ADCRESULT9	0x0000 7111	1	ADC 结果寄存器 9

续表

名称	地址	占用空间	功能描述
ADCRESULT10	0x0000 7112	1	ADC 结果寄存器 10
ADCRESULT11	0x0000 7113	1	ADC 结果寄存器 11
ADCRESULT12	0x0000 7114	1	ADC 结果寄存器 12
ADCRESULT13	0x0000 7115	1	ADC 结果寄存器 13
ADCRESULT14	0x0000 7116	1	ADC 结果寄存器 14
ADCRESULT15	0x0000 7117	1	ADC 结果寄存器 15
ADCTRL3	0x0000 7118	1	ADC 控制寄存器 3
ADCST	0x0000 7119	1	ADC 状态寄存器
保留	0x0000 711A ~ 0x0000 711F	6	保留

5.2 排序器操作

模/数转换模块 ADC 排序器由 2 个独立的 8 状态排序器（SEQ1 和 SEQ2）构成，这 2 个排序器还可以级联构成 1 个 16 状态的排序器（SEQ）。排序器的状态是指排序器内能够完成的模/数自动转换通道的个数。模/数转换模块 ADC 排序器支持单排序器方式（级联组成 1 个 16 状态排序器）和双排序器方式（2 个相互独立的 8 状态排序器）两种操作方式。在 ADC 的这两种排序器任何工种工作方式下，模/数转换模块都可以对系列转换进行自动排序，每次模/数转换模块收到一个开始转换请求，能自动完成多个转换。可通过模拟复用器对 16 个输入通道中的任何一个通道进行变换，转换结束后所选通道转换的结果保存到相应的结果寄存器（ADCRESULTn）中。此外，用户也可以对同一通道进行多次采样，从而实现模拟信号的过采样，在过采样模式下可以有效地提高转换的精度。

使用 ADC 采集外部信号时，可以选择"同时"和"顺序"两种转换模式。在"同时"转换模式下，A，B 通道的两个输入信号可以并行转换（比如 ADCINA3 和 ADCINB3）；在"顺序"转换模式下，ADC 的输入信号线可以连接到自动排序器的任何一个转换序列中（CHSELxx）。

使用 ADC 的过程中，可以采用设置特定的控制位软件启动转换，也可以应用外部引脚、事件管理器（EVA 和 EVB）等硬件方式启动转换。采用事件管理器定时启动 A/D 转换，可以准确地控制转换周期，对于某些数字信号处理算法采用这种转换方式是十分必要的。在顺序转换过程中并不需要触发中断服务程序（由于中断相应存在延时，可能会引起抖动）切换变换通道，通道的切换主要通过自动排序器完成。在一个序列的转换全部完成后触发中断，读取所有转换结果。

5.2.1 排序器操作方式

5.2.1.1 级联操作方式

如图 5.2 所示，ADC 单元工作在级联方式，自动排序器控制所有通道的转换。在启动 ADC 之前，必须初始化转换的通道数（如 MAX_ CONV1）和配置需要的转换输入信号对应的转换次序（CHSELxx），最终的转换结果存放到各自的结果寄存器（RESULT0~RESULT15）。

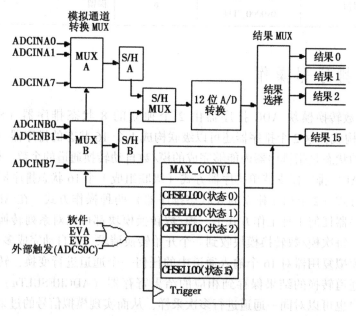

图 5.2 排序器级联（16 状态）操作方式

（1）级联排序器顺序采样模式。

在级联排序器操作方式，2 个 8 状态排序器（SEQ1 和 SEQ2）构成 1 个 16 状态的排序器（SEQ）控制外部输入的模拟信号的排序。CONVxx 的 4 位值确定输入引脚，其中最高位确定采用哪个采样和保持缓冲器，其他 3 位定义偏移量。

例如，在级联操作方式顺序采样工作模式下，需要轮回采集 ADCINA0，

ADCINB1，ADCINA2 和 ADCINB5 四个通道的模拟量输入，则 ADC 内部数据流程如图 5.3 的操作结构和图 5.4 的操作时序所示。

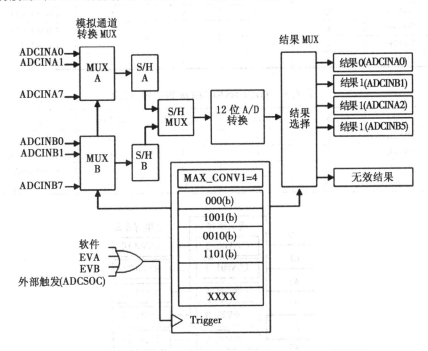

图 5.3　4 通道排序器级联（16 状态）操作方式下顺序采样

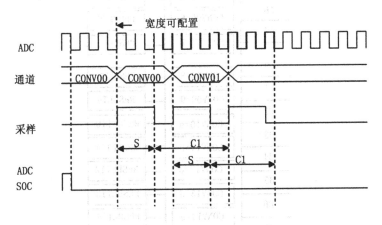

图 5.4　顺序采样模式（SMODE=0）

注：CONVxx 寄存器内包含了通道的地址，SEQ1 的是 CONV00；SEQ2 的是 CONV08 S 为采样窗的时间，C 为结果寄存器刷新时间。

表 5. 2 ADCCHSELSEQ*n* 寄存器 （一）

地址	位 15~12	位 11~8	位 7~4	位 3~0	寄存器
70A3h	13	2	9	0	CHSELSEQ1
70A4h	x	x	x	x	CHSELSEQ2
70A5h	x	x	x	x	CHSELSEQ3
70A6h	x	x	x	x	CHSELSEQ4

表 5. 3 ADCCHSELSEQ*n* 寄存器 （二）

地址	位 15~12	位 11~8	位 7~4	位 3~0	寄存器
70A3h	3	2	1	0	CHSELSEQ1
70A4h	7	6	5	4	CHSELSEQ2
70A5h	11	10	9	8	CHSELSEQ3
70A6h	15	14	13	12	CHSELSEQ4

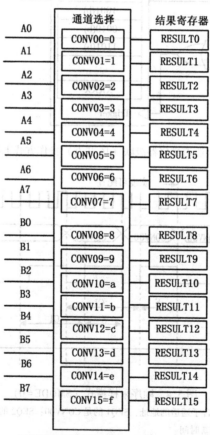

图 5. 5 16 通道排序器级联通道选择配置及结果存放位置

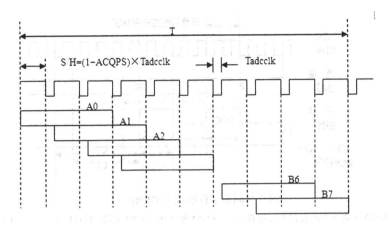

图 5.6 16 个通道顺序采样工作方式

（2）级联排序器同时采样模式。

如果一个输入来自 ADCINA0～7，另一个输入来自 ADCINB0～7，ADC 能够实现 2 个 ADCINxx 输入的同时采样。此外，要求 2 个输入必须有同样的采样和保持偏移量（例如，ADCINA4 和 ADCINB4，但不能是 ADCINA7 和 ADCINB6）。为了让 ADC 模块工作在同步采样模式，必须设置 ADCTRL3 寄存器中的 SMODE_ SEL 位为 1。

在同步采样模式，CONVxx 寄存器的最高位不起作用，每个采样和保持缓冲器对 CONVxx 寄存器低 3 位确定的引脚进行采样。例如，如果 CONVxx 寄存器的值是 0110b，ADCINA6 就由采样和保持器 A（S/H−A）采样，ADCINB6 由采样和保持器 B（S/H−B）采样；如果 CONVxx 寄存器的值是 1001b，ADCINA1 由采样和保持器 A 采样，ADCINB1 由采样和保持器 B 采样。转换器首先转换采样和保持器 A 中锁存的电压量，然后转换采样和保持器 B 中锁存的电压量。采样和保持器 A 转换的结果保存到当前的 ADCRE-SULTn 寄存器（如果排序器已经复位，SEQ1 的结果放在 ADCRESULT0）；采样和保持器 B 转换的结果保存在下一个 ADCRESULTn 寄存器（如果排序器已经复位，SEQ1 的结果放在 ADCRESULT1），结果寄存器指针每次增加 2。图 5.7 描述了同步采样模式的时序，在这个例子中，ACQ_ PS3 位设置为 0001b。

5.2.1.2 双排序器操作方式

如图 5.10 所示，当 ADC 工作在双排序器方式下时，将自动排序器分成 2 个独立的状态机（SEQ1 和 SEQ2），在这种方式下事件管理器 A 触发 SEQ1，事件管理器 B 触发 SEQ2。双排序器方式将 ADC 看成 2 个独立的 A/

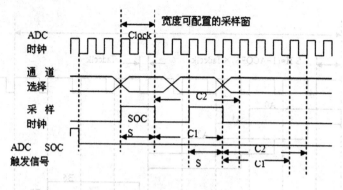

图 5.7 同步采样模式（SMODE=1）

注：CONVxx 寄存器内包含了通道的地址，CONV00 表示 A0/B0 通道；CONV01 表示 A1/B1 通道。C1 为 Ax 通道结果寄存器刷新时间，C2 为 Bx 通道结果寄存器刷新时间，S 为采样窗的时间。

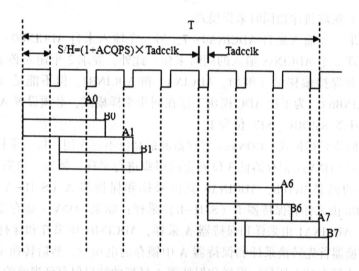

图 5.8 双通道同时采样级联排序器操作时序

D 转换单元，每个单元由各自的触发源触发转换。

在双排序器连续采样模式下，一旦当前工作的排序器完成排序，任何一个排序器的挂起 ADC 开始转换都会开始执行。例如，假设当 SEQl 产生 ADC 开始转换请求时，A/D 转换单元正在对 SEQ2 进行转换，完成 SEQ2 的转换后会立即启动 SEQ1。由于 SEQ1 排序器有更高的优先级，如果 SEQ1 和 SEQ2 的 SOC 请求都没挂起，并且 SEQ1 和 SEQ2 同时产生 SOC 请求，则 ADC 完成 SEQ1 的有效排序后，将会立即处理新的 SEQ1 的转换请求，SEQ2 的转换请求处于挂起状态。

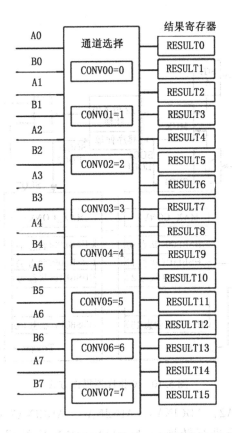

图 5.9 双通道同时采样级联排序配置及转换结果存放位置

由于双排序方式使用 2 个排序器，SEQ1/SEQ2 能在一次排序过程中对多达 8 个任意通道（当排序器级联成 16 通道时）进行排序转换。每次转换的结果保存在相应的结果寄存器中（SEQ1 的为 ADCRESULT0 ~ ADCRE-SULT7，SEQ2 的为 ADCRESULT8 ~ ADCRESULT15），这些寄存器由低地址向高地址依次进行填充。

每个排序中的转换个数受 MAX CONVn（ADCMAXCONV 寄存器中的一个 3 位或 4 位选择位）控制，该值在自动排序的转换开始时被装载到自动排序状态寄存器（AUTO_ SEQ_ SR）的排序计数器控制位（SEQ CNTR3 ~ 0），MAX CONVn 的值在 0~7 范围内变化。当排序器从通道 CONV00 开始按顺序转换时，SEQ CNTRn 的值从装载值开始向下计数直到 SEQ CNTRn 等于 0。一次自动排序完成的转换数为（MAX CONVn+1）。

（1）双排序器顺序采样。

假定使用 SEQ1 完成 7 个通道的模数转换（例如模拟输入 ADCINA2，

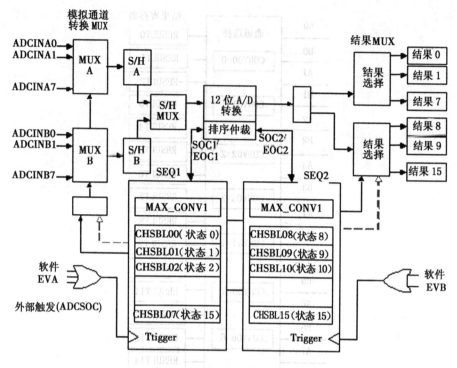

图 5.10 双排序器操作方式

ADCINA3，ADCINA2，ADCINA3，ADCINA6，ADCINA7 和 ADC1NB4 作为
自动排序的一部分进行转换），则 MAX CONV 应被设为 6，且 ADCCH-
SELSEQ*n* 寄存器应根据表 5.4 中的值确定。

表 5.4 ADCCHSELSEQ*n* 寄存器

地址	位 15~12	位 11~8	位 7~4	位 3~0	寄存器
70A3h	3	2	3	2	CHSELSEQ1
70A4h	x	12	7	6	CHSELSEQ2
70A5h	x	x	x	x	CHSELSEQ3
70A6h	x	x	x	x	CHSELSEQ4

　　一旦排序器接收到开始转换（SOC）触发信号就开始转换，SOC 触发信
号也会装载 SEQ CNTR*n* 位。ADCCHSELSEQ*n* 寄存器中确定的通道按规定的
顺序进行转换，每次转换完成后 SEQ CNTR*n* 位自动减 1，如图 5.11 所示。

一旦 SEQ CNTRn 递减到 0，根据寄存器 ADCTRL1 中的连续运行状态位（CONT RUN）的不同会出现 2 种情况：

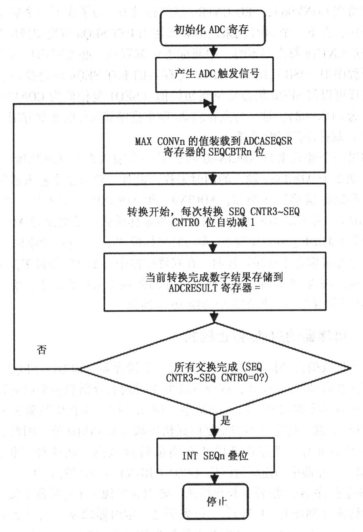

图 5.11 连续自动排序模式的流程图

●如果 CONT_ RUN 置 1，转换序列重新自动开始（例如，SEQ CNTRn 装入最初的 MAX CONV1 的值，并且 SEQ1 通道指针指向 CONV00）。在这种情况下，为了避免覆盖先前转换的结果，必须保证在下一个转换序列开始之前读走结果寄存器的值。当 ADC 模块产生冲突时（ADC 向结果寄存器写入数据的同时，用户从结果寄存器读取数据），ADC 内的仲裁逻辑保证结果寄存器的内容不会被破坏。

●如果 CONT_ RUN 没有被置位，排序指针停留在最后状态（例如，本例中停留在 CONV06），SEQ CNTRn 继续保持 0。为了在下一个启动时重复排序操作，在下一个 SOC 到来之前必须使用 RST SEQn 位复位排序器。

SEQ CNTRn 每次归零时，中断标志位都置位，必要时用户可以在中断服务子程序中（ISR）用 ADCTRL2 寄存器的 RST SEQn 位将排序器手动复位。这样可以将 SEQn 状态复位到初始值（SEQ1 复位值为 CONV00，SEQ2 复位值为 CONV08），这 特点在启动/停止排序器操作时非常有用。

（2）双排序器同时采样。

如果一个输入来自 ADCINA0 ~ 7，另一个输入来自 ADCINB0 ~ 7，ADC 能够实现 2 个 ADCINxx 输入的同时采样。此外，要求 2 个输入必须有同样的采样和保持偏移量（例如，ADCINA4 和 ADCINB4，但不是 ADCINA7 和 ADCINB6）。为了让 ADC 模块工作在同步采样模式，必须设置 ADCTRL3 寄存器中的 SMODE_ SEL 位为 1。在同时采样模式下，双排序器同级联排序器相比，主要区别在于排序器控制：在双排序器中每个排序器最多控制 4 个转换 8 个通道构成 16 通道，而在级联排序器的同步采样模式下，实际上只是用 SEQ1 作为排序器，控制 8 个转换 16 个通道。

5.2.2 排序器的启动/停止模式

除了连续的自动排序模式外，任何一个排序器（SEQ1，SEQ2 或 SEQ）都可工作在启动/停止摸式，这种方式可在时间上分别和多个启动触发信号同步。一旦排序器完成了第一个排序（例如，排序器在中断服务子程序中未被复位），除了排序器不需要复位到初始状态 CONV00 外。因此，当一个转换序列结束时，排序器就停止在当前转换状态。在这种工作模式下，ADCTRL1 寄存器中的连续运行位（CONT RUN）必须设置为 0。

【例】排序器启动/停止操作模式：要求触发源 1（定时器下溢）启动 3 个自动转换（例如 I_1，I_2 和 I_3），触发源 2（定时器周期）启动 3 个自动转换（例如 V_1，V_2 和 V_3）。触发源 1 和触发源 2 在时间上是分开的（如间隔 25μs），都是由事件管理器 A 提供，如图 5.12 所示，本例中只有 SEQ1。

在这种情况下，MAX CONV1 的值设置为 2，ADC 模块的输入通道选择排序控制寄存器（ADCCHSELSEQn）应按表 5.5 设置。

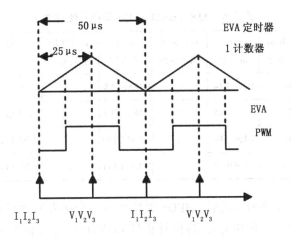

图 5.12 事件管理器触发启动排序器实例

表 5.5 ADCCHSELSEQ*n* 寄存器使用情况

地址	位 15~12	位 11~8	位 7~4	位 3~0	寄存器
70A3h	V_1	I_3	I_2	I_1	CHSELSEQ1
70A4h	x	x	V_3	V_2	CHSELSEQ2
70A5h	x	x	x	x	CHSELSEQ3
70A6h	x	x	x	x	CHSELSEQ4

一旦复位和初始化完成，SEQ1 就等待触发。第一个触发到来之后，执行通道选择值为 CONV00（I_1），CONV01（I_2）和 CONV02（I_3）的 3 个转换。转换完成后，SEQ1 停在当前的状态等待下一个触发源，25μs 后另一个触发源到来，ADC 模块开始选择通道为 CONV03（V_1），CONV04（V_2）和 CONV05（V_3）的 3 个转换。

对于这两种触发，MAX CONV1 的值会自动地装入 SEQ CNTR*n* 中。如果第二个触发源要求转换的个数与第一个不同，用户必须通过软件在第二个触发源到来之前改变 MAX CONV1 的值，否则 ADC 模块会重新使用原来的 MAX CONV1 的值。可以使用中断服务程序 1SR 适当地改变 MAX CONV1 的值。

在第二个转换序列完成之后，ADC 模块的转换结果存储到相应的寄存器，如表 5.6 所示。

表 5.6 ADCCHSELSEQ*n* 寄存器使用情况

缓冲寄存器	ADC 转换结果缓冲	缓冲寄存器	ADC 转换结果缓冲	缓冲寄存器	ADC 转换结果缓冲	缓冲寄存器	ADC 转换结果缓冲
RESULT0	I_1	RESULT4	V_2	RESULT8	x	RESULT12	x
RESULT1	I_2	RESULT5	V_3	RESULT9	x	RESULT13	x
RESULT2	I_3	RESULT6	x	RESULT10	x	RESULT14	x
RESULT3	V_1	RESULT7	x	RESULT11	x	RESULT15	x

第二个转换序列完成后，SEQ1 保持在下一个触发的"等待"状态。用户可以通过软件复位 SEQ1，将指针指到 CONV00，重复同样的触发源 1，2 转换操作。

5.2.3 输入触发源

每一个排序器都有一系列可以使能或禁止的触发源。SEQ1，SEQ2 和级联 SEQ 的有效输入触发如表 5.7 所示。

表 5.7 排序器触发信号

SEQ1	SEQ2	SEQ3
软件触发（软件 SOC）	软件触发（软件 SOC）	软件触发（软件 SOC）
事件管理器 A（EVA SOC）	事件管理器 B（EVB SOC）	事件管理器 A（EVA SOC） 事件管理器 B（EVB SOC）
外部 SOC 引脚		外部 SOC 引脚

●只要排序器处于空闲状态，SOC 触发源就能启动一个自动转换排序。空闲状态是指：在收到触发信号前，排序器的指针指向 CONV00，或者是排序器已经完成了一个转换排序，也就是 SEQ CNTR*n* 为 0 时。

●如果转换序列正在进行时，到来一个新的 SOC 触发信号，则 ADC-TRL2 寄存器中的 SOC SEQ*n* 位置 1（该位在前一个转换开始时已被清除）。但如果又有一个 SOC 触发信号到来，则该信号将被丢失，也就是当 SOC SEQ*n* 位置 1 时（SOC 挂起），随后的触发不起作用。

●被触发后，排序器不能在中途停止或中断。程序必须等到一个序列的结束或复位排序器，才能使排序器返回到初始空闲状态（SEQ1 和级联的排序器指针指向 CONV00；SEQ2 的指针指向 CONV08）。

●当 SEQ1/2 用于级联同时采样模式时, 到 SEQ2 的触发源被忽略, 而 SEQ1 的触发源有效。因此, 级联模式可以看做 SEQ1 有最多 16 个转换通道的情况。

5.2.4 排序转换的中断操作

排序器可以在两种工作方式产生中断, 这两种方式由 ADCTRL2 寄存器中的中断模式使能控制位决定。下面几个例子说明在不同工作模式下如何使用中断模式 1 和中断模式 2。

Case1: 在第一个序列和第二个序列中采样的数量不相等

中断模式 1 操作 (每个 EOS 到来时产生中断请求):

(1) 排序器用 MAX CONVn = 1 初始化, 转换 I_1 和 I_2。

(2) 在中断服务子程序 a 中, 通过软件将 MAX CONVn 的值设置为 2, 转换 V_1, V_2 和 V_3。

(3) 在中断服务子程序 b 中, 完成下列任务:

①将 MAX CONVn 的值再次设置为 1, 转换 I_1 和 I_2。

②从 ADC 结果寄存器中读出 I_1, I_2, V_1, V_2 和 V_3 的值。

③复位排序器。

(4) 重复操作第②步和第③步。每次 SEQ CNTRn 等于 0 时产生中断, 且中断能够被识别。

Case2: 在第一个序列和第二个序列中采样的数量相等

中断模式 2 操作 (每隔一个 EOS 信号产生中断请求):

(1) 排序器设置 MAX CONVn = 2 初始化, 转换 I_1, I_2 和 I_3 (或 V_1, V_2 和 V_3)。

(2) 在服务子程序 b 和 d 中, 完成下列任务:

①从 ADC 结果寄存器中读出 I_1, I_2, I_3, V_1, V_2 和 V_3 的值。

②复位排序器。

③重复第 (2) 步。

Case3: 两个序列的采样个数是相等的 (带空读)

模式 2 中断操作 (隔一个 EOS 信号产生中断请求):

(1) MAX CONVn = 2 初始化排序器, 转换 I_1, I_2 和 x。

(2) 在中断服务子程序 b 和 d 中, 完成下列任务:

①从 ADC 结果寄存器中读出 I_1, I_2, I_3, V_1, V_2 和 V_3 的值。

②复位排序器。

③重复第 (2) 步。第 (3) 个 x 采样为一个空的采样, 其实并没有要

求采样。然而，利用模式 2 间隔产生中断请求的特性，可以减小中断服务子程序和 CPU 的开销。

如图 5.13 所示为 ADC 在序列转换过程中的中断操作的时序。

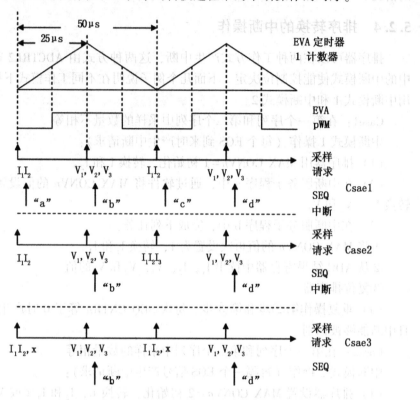

图 5.13　在排序转换时的中断操作时序

5.3　ADC 的时钟控制

外设时钟 HSPCLK 是通过 ADCTRL3 寄存器的 ADCCLKPS〔3~0〕位来分频的，然后再通过寄存器 ADCTRL1 中的 CPS 位进行 2 分频。此外，ADC 模块还通过扩展采样获取周期调整信号源阻抗，这由 ADCTRL1 寄存器中的 ACQ_ PS3~0 位控制。这些位并不影响采样保持和转换过程，但通过扩展变换脉冲的长度可以增加采样时间的长度。如图 5.14 所示。

ADC 模块有几种时钟预定标方法，从而产生不同速度的操作时钟。图 5.15 给出了 ADC 模块时钟的选择方法。

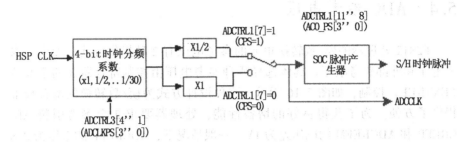

图 5.14　ADC 内核时钟和采样保持时钟

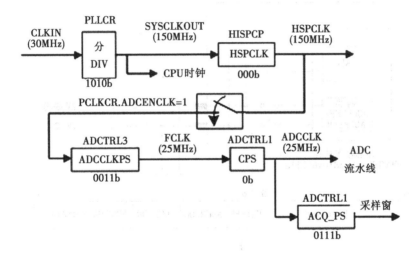

图 5.15　输入到 ADC 模块的时钟

表 5.8　ADC 时钟选择

XCLKIN	PLLCR [3~0]	HISPCLK	ADCCTRL3 [4~1]	ADCTRL [7]	ADC_CLK	ADCTRL [11~8]	SH 宽度
	0000b	HSPCP = 0	ADCLKPS = 0	CPS = 1		ACQ_PS = 0	
30 MHz	150 MHz	150 MHz	15 MHz	7.5 MHz	7.5 MHz	SH 脉冲时钟	1
	0000b	HSPCP = 3	ADCLKPS = 2	CPS = 1		ACQ_PS = 15	
30 MHz	150 MHz	150/2×3 = 25 MHz	25/2×2 = 6.25 MHz	6.25/2×1 = 3.125 MHz	3.125 MHz	SH 脉冲 时钟 = 16	16

5.4 ADC 参考电压

F2812 处理器的模/数转换单元的参考电压有 2 种提供方式，即内部参考电压和外部参考电压。具体选择哪种参考电压由控制寄存器 3 的第 8 位（EXTREF）控制，如图 5.16 所示，这种设计方式为模/数转换的增益校准提供了方便。为了获得良好的增益性能，处理器要求 2 个参考引脚 AD-CREFP 和 ADCREFM 的电压差为 1V。一般情况下，ADCREFP 的电压为 2 × (1 ± 5%) V，ADCREFM 的电压为 (1 ± 5%) V。

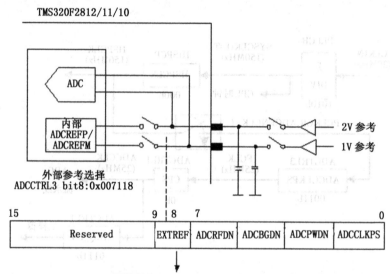

图 5.16 TMS320F281x 处理器 ADC 参考信号

图 5.17 给出了外部参考电路，该电路采用精准的参考电压并通过分压保证准确的参考范围，在给处理器引脚提供参考之前增加缓冲电路。采用该电路主要有 2 个优点：

●稳定的 ADCREFP 和 ADCREFM 对于实现良好的 ADC 性能非常重要，然而 ADCREFP 和 ADCREFM 是静态的，而 ADC 使用参考则是动态的。在每次模/数转换过程中对两个参考电压引脚进行采样，并且要求在特定的 ADC 时钟周期内能够稳定。外部参考电路刚好能够满足 ADC 的动态和稳定性要求。

●在 ADC 操作过程中 ADCREFP 和 ADCREFM 的电流会有所波动，如

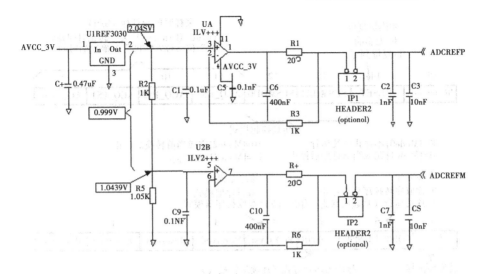

图 5.17 外部参考电路原理图

果不采用外部缓冲电路则分压电阻上的电流会产生变化，从而改变输入的参考电压值，结果会使增益误差变大。

图 5.17 给出的外部参考电路为 ADCREFP 和 ADCREFM 引脚分别提供 2.048V 和 1.0489V 参考电压，为减少参考信号负载对参考电压的影响增加了缓冲电路。ADCREFP 和 ADCREFM 的参考压差要求等于 1V，外部实际电压差为 0.999V，满足 1% 的误差要求。ADC 的精度除了受原理上的设计的影响，选择的元器件的精度也会影响 ADC 的精度。此外，在 PCB 设计时所有元器件应尽量靠近 ADCREFP 和 ADCREFM 引脚。

在软件设计时需要完成下列操作：

● F281x 器件初始化完成后，使能 ADC 时钟。

●设置寄存器配置 ADCREFP 和 ADCREFM 引脚为输入。由于 AD-CREFP 和 ADCREFM 引脚默认为输出，因此上电后要尽快配置为输入，防止 ADC 上电后产生冲突。

●使能 ADC 上电。

5.5 A/D 转换单元寄存器

5.5.1 ADC 模块控制寄存器 1

ADC 模块控制寄存器 1 的定义及功能如图 5.18 和表 5.9 所示。

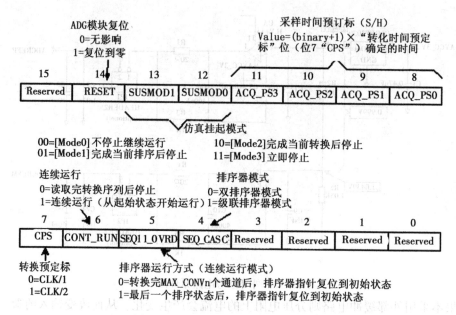

图 5.18　ADC 模块控制寄存器 1 的定义

表 5.9　ADC 模块控制寄存器 1 功能表

位	名称	功能描述
15	保留	读返回 0，写没有影响
14	复位	ADC 模块软件复位 该位可以使整个 ADC 模块复位，当芯片的复位引脚被拉低（或一个上电复位）时，所有的寄存器和序列器状态机构复位到初始状态 这是一个一次性的影响位，也就是说它置 1 后会立即自动清 0 读取该位时返回 0，ADC 的复位信号需要锁存 3 个时钟周期（即 ADC 复位后，3 个时钟周期内不能改变 ADC 的控制寄存器） 0 没有影响 1 复位整个 ADC 模块（ADC 控制逻辑将该位清 0） 在系统复位期间，ADC 模块被复位。如果在任一时间需要对 ADC 模块复位，用户可以通过向该位写 1。在 12 个空操作后，用户将需要的配置值写到 ADCTRL1 寄存器 MOV ADCTRL1，#01xxxxxxxxxxxxxxb；复位 ADC 模块（RESET＝1） RPT　　12# NOP；在 ADCTRL1 寄存器改变配置前必要的延迟 NOP MOV ADCTRL1，#00xxxxxxxxxxxxxxb；配置 ADCTRL1 寄存器 注：如果缺省配置满足系统要求，可以不使用第二个 MOV 改变控制寄存器的配置

续表

位	名称	功能描述
13~12	SUSMOD1 SUSMOD0	仿真悬挂模式 这两位决定产生仿真挂起时执行的操作（例如，调试遇到断点） 00 模式 0，仿真挂起被忽略 01 模式 1，当前排序完成后排序器和其他逻辑停止工作，锁存最终结果更新状态机 10 模式 2，当前转换完成后排序器和其他逻辑停止工作，锁存最终结果更新状态机 11 模式 3，仿真挂起时，排序器和其他逻辑立即停止
11~8	ACQ_ PS3 ACQ_ PS0	采样时间选择位 控制 SOC 的脉冲宽度，同时也决定了采样开关闭合的时间。SOC 的脉冲宽度是 ADCTRL [11~8] +1 个 ADCLK 周期数
7	CPS	内核时钟预定标器（转换时间预定标器） 该预定标器用来对外设时钟 HSPCLK 分频 0 f_{clk} = CLK/1 1 f_{clk} = CLK/2 注：CLK = 定标后的 HSPCLK（ADCCLKPS3~0）
6	CONT RUN	连续运行 该位决定排序器工作在连续运行模式还是"开始—停止"模式。在一个转换序列有效时，可以对该位进行写操作，当转换序列结束时该位将会生效。例如，为实现有效的操作，软件可以在 EOS 产生之前将该位置位或清零。在连续转换模式中不需要复位排序器。但是在开始和停止模式，排序器必须被复位以使转换器处于 CONV00 状态 0 "开始—停止"模式。EOS 信号产生后排序器停止。在下一个 SOC 到来时排序器将从停止时的状态开始（除非对排序器复位） 1 连续转换模式。EOS 信号产生后，排序器从 C0NV00（对于 SEQ1 和级联排序器）或 CONV08（对于 SEQ2）状态开始
5	保留	
4	SEQ CASC	级联排序器工作方式 该位决定了 SEQ1 和 SEQ2 作为 2 个独立的 8 状态排序器还是作为 1 个 16 状态排序器（SEQ）工作 0 双排序模式，SEQ1 和 SEQ2 作为 2 个 8 状态排序器操作 1 级联模式，SEQ1 和 SEQ2 作为 1 个 16 状态排序器工作
3~0	保留	读返回 0，写没有影响

5.5.2 ADC 模块控制寄存器 2

ADC 模块控制寄存器 2 的定义及功能如图 5.19 和表 5.10 所示。

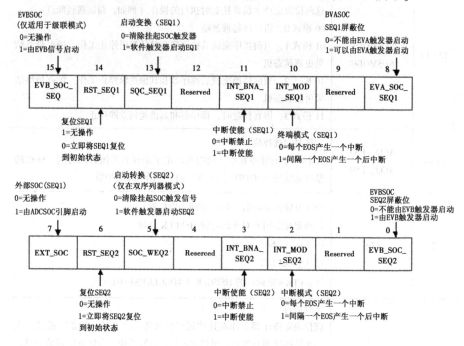

图 5.19 ADC 模块控制寄存器 2 定义

表 5.10 ADC 模块控制寄存器 2 功能表

位	名称	功能描述
15	EVB SOC SEQ	为级联排序器使能 EVB SOC（注：该位只有级联模式有效） 0 不起作用 1 该位置位，允许事件管理器 B 的信号启动级联排序器，可以对事件管理器编程，使用各种事件启动转换
14	RST SEQ1	复位排序器 1 向该位写 1 立即将排序器复位为一个初始的"预触发"状态。例如，在 CONV00 等待一个触发，当前执行的转换序列将会失败 0 不起作用 1 将排序器立即复位到 CONV00 状态

续表

位	名称	功能描述
13	SOC SEQ1	SEQ1 的启动转换触发 一下触发可引起该位的设置 ● S/W——软件向该位写 1 ● EVA——事件管理器 A ● EVB——事件管理器 B（仅在级联模式中） ● EXT——外部引脚（例如 ADCSOC 引脚） 当触发来源到来时，有 3 种可能的情况 情况一：SEQ1 空闲且 SOC 位清 0。SEQ1 立即开始（仲裁控制）。允许任何"挂起"触发请求 情况二：SEQ1 忙且 SOC 位清 0。该位的置位表示有一个触发请求正被挂起。当完成当前转换 SEQ1 重新开始时，该位清 0 情况三：SEQ1 忙且 SOC 位置位。在这种情况下任何触发都被忽略（丢失） 0 清除一个正在挂起的 SOC 触发 注：如果排序器已经启动，该位会自动被清除，因而，向该位写 0 不会起任何作用。例如，用清除该位的方法不能停止一个已启动的排序 1 软件触发——从当前停止的位置启动 SEQ1（例如，在空闲模式中） 注：RST SEQ1（ADCTRL2.14）和 SOC SEQ1（ADCTRL2.13）位不应用同样的指令设置。这会复位排序器，但不会启动排序器。正确的排序操作是首先设置 RET SEQ1 位，然后在下一指令设置 SOC SEQ1 位。这会保证复位排序器和启动一个新的排序。这种排序也应用于 RST SEQ2（ADCTRL2.6）和 SOC SEQ2（ADCTRL2.5）位
12	保留	读返回 0，写没有影响
11	INT ENA SEQ1	SEQ1 中断使能 该位使能 INT SEQ1 向 CPU 发出的中断申请 0 禁止 INT SEQ1 产生的中断申请 1 使能 INT SEQ1 产生的中断申请
10	INT MOD SEQ1	SEQ1 中断模式 该位选择 SEQ1 的中断模式，在 SEQ1 转换序列结束时影响 INT SEQ1 的设置 0 每个 SEQ1 序列结束时，INT SEQ1 置位 1 每隔一个 SEQ1 序列结束时，INT SEQ1 置位
9	保留	读返回 0，写没有影响

续表

位	名称	功能描述
8	EVA SOC SEQ1	SEQ1 的事件管理器 A 的 SOC 屏蔽位 0 EVA 的触发信号不能启动 SEQ1 1 允许事件管理器 A 触发信号启动 SEQ1/SEQ，可以对事件管理器编程，采用各种事件启动转换
7	EXT SOC SEQ1	SEQ1 的外部信号启动转换位 0 无操作 1 外部 ADCSOC 引脚信号启动 ADC 自动转换序列
6	RST SEQ2	复位 SEQ2 0 无操作 1 立即复位 SEQ2 到初始的"预触发"状态，例如在 CONV08 状态等待触发，将会退出正在执行的转换序列
5	SOC SEQ2	序列 2（SEQ2）的转换触发启动 仅适用于双排序模式，在顶级模式中不使用。下列触发可以使该位置位 ●S/W——软件向该位写 1 ●EVB——事件管理器 B 当一个触发源到来时，有 3 种可能情况 情况一：SEQ2 空闲且 SOC 位清 0。SEQ2 立即开始（仲裁控制）。允许任何"挂起"触发请求 情况二：SEQ2 忙且 SOC 位清 0。该位的置位表示有一个触发请求正被挂起。当完成当前转换 SEQ2 重新开始时，该位清 0 情况三：SEQ2 忙且 SOC 位置位。在这种情况下任何触发都被忽略（丢失） 0 清除一个正在挂起的 SOC 触发 注：如果排序器已经启动，该位会自动被清除，因而，向该位写 0 不会起任何作用。例如，用清除该位的方法不能停止一个已启动的排序 1 软件触发——从当前停止的位置启动 SEQ2（例如，在空闲模式中）
4	保留	读返回 0，写没有影响
3	INT ENA SEQ2	SEQ2 中断使能 该位使能 INT SEQ2 向 CPU 发出的中断申请 0 禁止 INT SEQ2 产生的中断申请 1 使能 INT SEQ2 产生的中断申请

续表

位	名称	功能描述
2	INT MOD SEQ2	SEQ2 中断模式 该位选择 SEQ2 的中断模式, 在 SEQ2 转换序列结束时影响 INT SEQ2 的设置 0 每个 SEQ2 序列结束时, INT SEQ2 置位 1 每隔一个 SEQ2 序列结束时, INT SEQ2 置位
1	保留	读返回 0, 写没有影响
0	EVB SOC SEQ2	SEQ2 的事件管理器 B 的 SOC 屏蔽位 0EVB 的触发信号不能启动 SEQ2 1 允许事件管理器 A 触发信号启动 SEQ2, 可以对事件管理器编程, 采用各种事件启动转换

5.5.3 ADC 模块控制寄存器 3

ADC 模块控制寄存器 3 的定义及功能如图 5.20 及表 5.11 所示。

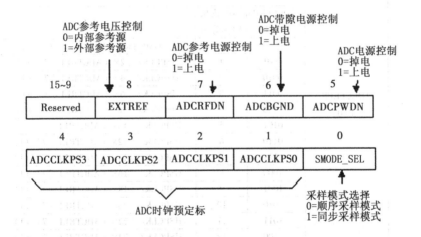

图 5.20 ADC 模块控制寄存器 3 (ADCTRL3)

表 5.11 ADC 模块控制寄存器 3 功能表

位	名称	功能描述
15 ~9	保留	读返回 0, 写没有影响

续表

位	名称	功能描述
8	EXTREF	使能 ADCREFM 和 ADCREFP 作为输入参考 0 ADCREFP（2V）和 ADCREFM（1V）引脚使能内部参考源的输出引脚 1 ADCREFP（2V）和 ADCREFM（1V）引脚使能外部参考电压的输入引脚
7~6	ADCDGRFDN [1~0]	ADC 带隙（Bandgap）和参考的电源控制 该位控制内部模拟的内部带隙和参考电路的电源 00 带隙和参考电路掉电 11 带隙和参考电路上电
5	ADCPWDN	ADC 电源控制 该位控制除带隙和参考电路外的 ADC 其他模拟电路的供电 0 除带隙和参考电路外的 ADC 其他模拟电路掉电 1 除带隙和参考电路外的 ADC 其他模拟电路上电
4~1	ADCCLKPS [3~0]	ADC 的内核时钟分频器 除 ADCCLKPS [3~0] 等于 0000 外（在这种情况下，直接使用 HSP-CLK），对 F28x 外设时钟 HSPCLK 进行 2×ADCLKPS [3~0] 的分频，分频后的时钟再进行 ACTRL1 [7] +1分频从而产生 ADC 的内核时钟 ADCCLK
0	SMODE SEL	采样模式选择 该位选择顺序或者同步采样模式 0 选择顺序采样模式 1 选择同步采样模式

在 ADCCLKPS[3~0] 行内的子表格：

ADCCLKPS [3~0]	ADC 内核 时钟分频	ADCLK
0000	0	HSPCLK/（ADCTRL1 [7] +1）
0001	1	HSPCLK/ [2×（ADCTRL1 [7] +1）]
0010	2	HSPCLK/ [4×（ADCTRL1 [7] +1）]
0011	3	HSPCLK/ [6×（ADCTRL1 [7] +1）]
0100	4	HSPCLK/ [8×（ADCTRL1 [7] +1）]
0101	5	HSPCLK/ [10×（ADCTRL1 [7] +1）]
0110	6	HSPCLK/ [12×（ADCTRL1 [7] +1）]
0111	7	HSPCLK/ [14×（ADCTRL1 [7] +1）]
1000	8	HSPCLK/ [16×（ADCTRL1 [7] +1）]
1001	9	HSPCLK/ [18×（ADCTRL1 [7] +1）]
1010	10	HSPCLK/ [20×（ADCTRL1 [7] +1）]
1011	11	HSPCLK/ [22×（ADCTRL1 [7] +1）]
1100	12	HSPCLK/ [24×（ADCTRL1 [7] +1）]
1101	13	HSPCLK/ [26×（ADCTRL1 [7] +1）]
1110	14	HSPCLK/ [28×（ADCTRL1 [7] +1）]
1111	15	HSPCLK/ [30×（ADCTRL1 [7] +1）]

5.5.4 最大转换通道寄存器（MAXCONV）

最大转换通道寄存器 MAX CONVn 定义了自动转换中最多转换的通道数，该位根据排序器的工作模式变化而变化，如图 5.21 所示；功能如表 5.12 所示。

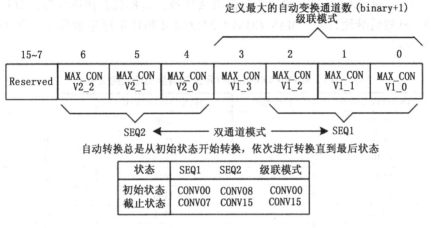

图 5.21 最大转换通道寄存器（MAXCONV）

表 5.12 最大转换通道数设置寄存器功能表

位	名称	功能描述
15~7	保留	读返回 0，写没有影响
6~0	MAX CONVn	MAX CONVn 定义了自动转换中最多转换的通道数，该位根据排序器的工作模式变化而变化 ● 对于 SEQ1，使用 MAX CONV1_ 2~0 ● 对于 SEQ2，使用 MAX CONV2_ 2~0 ● 对于 SEQ，使用 MAX CONV1_ 3~0 自动转换序列总是从初始状态开始，依次连续地转换直到结束状态，并将转换结果按顺序装载到结果寄存器。每个转换序列可以转换 1~（MAX CONVn+1）个通道，转换的通道数可以编程。具体选择的通道数量如表 5.13 所示

【例】ADCMAXCONV 寄存器位的编程。

如果需要 5 个转换，则 MAX CONVn 设置为 4。

Case1：双模式 SEQ1 和级联模式

排序器依次从 CONV00 到 04，5 个转换结果分别存储到转换结果缓冲器的结果寄存器 00~04。

Case2：双模式 SEQ2

排序器依次从 CONV08 到 12，5 个转换结果分别存储到转换结果缓冲器的结果寄存器 08~12。

如果双排序器模式下 MAX CONV 的值大于 7（例如 2 个独立的 8 通道排序器），则 SEQ CNTR*n* 超过 7 时仍继续计数，这样就会使排序器计数到 CONV00 然后继续计数。MAX CONV1 的位定义和转换通道数的关系如表 5.13 所示。

表 5.13　MAX CONV1 的位定义和转换通道数的关系

MAX CONV1.3~0	转换通道	MAX CONV1.3~0	转换通道
0000	1	1000	9
0001	2	1001	10
0010	3	1010	11
0011	4	1011	12
0100	5	1100	13
0101	6	1101	14
0110	7	1110	15
0111	8	1111	16

5.5.5　自动排序状态寄存器 (AUTO_ SEQ_ SR)

自动排序状态寄存器包含自动排序的计数值，SEQ1，SEQ2 和级联排序器使用 SEQ CNTR*n*4 位计数状态位，在级联模式中与 SEQ2 无关。在装换开始，排序器的计数位 SEQ CNTR（3~0）初始化为在序列 MAX CONV 中的值，如图 5.22 所示；各位的功能如表 5.14 所示。

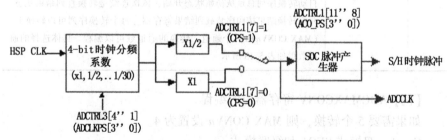

图 5.22　自动排序状态寄存器 (AUTO_ SEQ_ SR)

表 5.14 自动排序状态寄存器功能表

位	名称	功能说明				
15~12	保留					
11~8	SEQ CNTR3~0	排序器计数状态位 SEQ1，SEQ2 和级联排序器使用 SEQ CNTRn 4 位计数状态位，在级联同时采样模式中与 SEQ2 无关。转换开始时，排序器的计数位 SEQ CNTR（3~0）初始化为在序列 MAX CONV 中的值。每次自动序列转换完成（或同步采样模式中的一对转换完成）后，排序器计数减 1。在递减计数过程中随时可以读取 SEQ CNTRn 位检查序列器的状态。读取的值与 SEQ1 和 SEQ2 的忙位一起标示了正在执行的排序器的状态				
		SEQ CNTRn	等待转换的通道数	SEQ CNTRn	等待转换的通道数	
		0000	1 或 0，取决于 busy 状态	1000	9	
		0001	2	1001	10	
		0010	3	1010	11	
		0011	4	1011	12	
		0100	5	1100	13	
		0101	6	1101	14	
		0110	7	1110	15	
		0111	8	1111	16	
7	保留					
6~0	SEQ2 PTR2~ SEQ2 PTR0 SEQ1 PTR3~ SEQ1 PTR0	SEQ2 PTR2~0 和 SEQ1 PTR3~0 位分别是 SEQ2 和 SEQ1 的指针。这些位保留给 TI 芯片测试使用				

5.5.6 ADC 状态和标志寄存器（ADC_ ST_ FLG）

ADC 状态和标志寄存器是一个专门的状态和标志寄存器。该寄存器中的各位是只读状态或只读位，或在清 0 时读返回 0，如图 5.23 所示；各位的功能如表 5.15 所示。

15							8
Reserved							

7	6	5	4	3	2	1	0
EOS BUF2	EOS BUF1	INTSEQ2	INTSEQ01	SEQ2BSY	SEQ1BSY	INTSEQ2	INTSEQ1
R_0	R_0	R/W_0	R/W_0	R_0	R_0	R_0	R_0

图 5.23 ADC 状态和标志寄存器 (ADC_ ST_ FLG)

表 5.15 ADC 状态和标志寄存器功能表

位	名称	功能描述
15~8	保留	
7	EOS BUF2	SEQ2 的排序缓冲结束位 在中断模式 0 下，该位不用或保持 0，例如在 ADCTRL2 [2] =0 时， 在中断模式 1 下，例如在 ADCTRL2 [2] =1 时，在每一个 SEQ2 排序的结束时触发。该位在芯片复位时被清除，不受排序器复位或清除相应中断标志的影响
6	EOS BUF1	SEQ1 的排序缓冲结束位 在中断模式 0 下，该位不用或保持 0，例如在 ADCTRL2 [10] =0 时； 在中断模式 1 下，例如在 ADCTRL2 [10] =1 时，在每一个 SEQ1 排序的结束时触发。该位在芯片复位时被清除，不受排序器复位或清除相应中断标志的影响
5	INT SEQ2 CLR SEQ2	中断清除位 读该位返回 0，向该位写 1 可以清除中断标志 0 向该位写 0 时无影响 1 向该位写 1 清除 SEQ2 的中断标志位——INT_ SEQ2
4	INT SEQ1 CLR SEQ1	中断清除位 读该位返回 0，向该位写 1 可以清除中断标志 0 向该位写 0 时无影响 1 向该位写 1 清除 SEQ1 的中断标志位——INT_ SEQ2
3	SEQ2 BSY	SEQ2 的忙状态位 0 SEQ2 处于空闲状态，等待触发 1 SEQ2 正在运行 对该位写操作无影响

续表

位	名称	功能描述
2	SEQ1 BSY	SEQ1 的忙状态位 0 SEQ1 处于空闲状态，等待触发 1 SEQ1 正在运行 对该位写操作无影响
1	INT SEQ2	SEQ2 中断标志位 向该位的写无影响。在中断模式 0，例如，在 ADCTRL2 [2] =0 中，该位在每个 SEQ2 排序结束时置位；在中断模式 1 下，在 ADCTRL2 [2] =1，如果 EOS_ BUF2 被置位，该位在一个 SEQ2 排序结束时置位 0 没有 SEQ2 中断事件 1 已产生 SEQ2 中断事件
0	INT SEQ1	SEQ1 中断标志位 向该位的写无影响。在中断模式 0，例如，在 ADCTRL2 [2] =0 中，该位在每个 SEQ1 排序结束时置位；在中断模式 1 下，在 ADCTRL2 [2] =1，如果 EOS_ BUF2 被置位，该位在一个 SEQ1 排序结束时置位 0 没有 SEQ1 中断事件 1 已产生 SEQ1 中断事件

5.5.7 ADC 输入通道选择排序控制寄存器

图 5.24 给出了 ADC 输入通道选择排序控制寄存器，表 5.16 给出了各 CONVxx 位的值和 ADC 输入通道之间的关系。

	Bits15″12	Bits11″8	Bits7″4	Bits3″0	
0x007103	CONV03	CONV02	CONV01	CONV00	ADCCHSELSEQ1
0x007104	CONV07	CONV06	CONV05	CONV04	ADCCIISELSEQ2
0x007105	CONV11	CONV10	CONV09	CONV08	ADCCHSELSEQ3
0x007106	CONV15	CONV14	CONV13	CONV12	ADCCHSELSEQ4

图 5.24 ADC 输入通道选择排序控制寄存器

每个 4 位 CONVxx 为一个自动排序转换在 16 个模拟输入 ADC 通道中选择一个通道。

表 5.16 CONVxx 位的值和 ADC 输入通道选择

CONVxx	ADC 输入通道选择	CONVxx	ADC 输入通道选择
0000	ADCINA0	1000	ADCINB0
0001	ADCINA1	1001	ADCINB1
0010	ADCINA2	1010	ADCINB2
0011	ADCINA3	1011	ADCINB3
0100	ADCINA4	1100	ADCINB4
0101	ADCINA5	1101	ADCINB5
0110	ADCINA6	1110	ADCINB6
0111	ADCINA7	1111	ADCINB7

5.5.8 ADC 转换结果缓冲寄存器 (RESULTn)

在级联排序模式中，寄存器 RESULT8~15 保持第 9~16 位的结果，如图 5.25 所示。

15	14	13	12	11	10	9	8	7	6	5	4	3	2	1	0
MSB										LSB		x	x	x	x

图 5.25 ADC 转换结果缓冲寄存器 (RESULTn)

模拟输入电压范围 0~3V，因此有如下结果：

模拟电压/V	转换结果	结果寄存器 (RESULTn)
3.0	FFFh	1111 1111 1111 0000
1.5	7FFh	0111 1111 1111 0000
0.00073	1h	0000 0000 0001 0000
0	0h	0000 0000 0000 0000

思考题

（1）写出 TMS320F2812 中启动 ADC 转换的 4 个触发源。

（2）简述模数转换模块（ADC）的自动排序器在连续转换方式下的工作原理。

（3）如何确定模数转换时的采样率和量化位数？

6   TMS320F2812 通信接口

6.1   TMS320F2812 串行外设接口

串行外设接口（SPI）是一个高速同步的串行输入/输出口。SPI 的通信速率和通信数据长度都是可编程的，SPI 通常用于 DSP 处理器和外部外设以及其他处理器之间通信。主要应用于显示驱动、ADC 以及日历时钟等器件间接口，也可以采用主/从模式实现多处理器间的通讯。F2812 处理器的 SPI 接口有一个 16 级的接收和传输 FIFO，这样可以减少 CPU 的开销。

6.1.1   增强的 SPI 模块概述

如图 6.1 所示为 SPI 与 CPU 的接口。

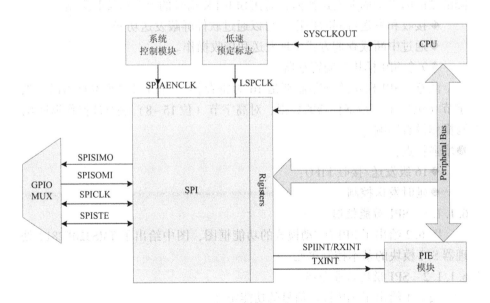

图 6.1   SPI CPU 接口

　　SPI 模块的主要特点如下。

●4 个外部引脚：

　　◆SPISOMI：SPI 从输出/主输入引脚。

　　◆SPISIMO：SPI 从输入/主输出引脚。

　　◆SPISTE：SPI 从发送使能引脚。

　　◆SPICLK：SPI 串行时钟引脚。

●两种工作方式：主和从工作方式。

●波特率：125 种可编程波特率。

●数据字长：可编程的 1~16 个数据长度。

●4 种时钟模式（由时钟极性和时钟相位控制）。

　　◆无相位延时的下降沿：SPICLK 为高电平有效。在 SPICLK 信号的下降沿发送数据，在 SPICLK 信号的上升沿接收数据。

　　◆有无相位延时的下降沿：SPICLK 为高电平有效。在 SPICLK 信号的下降沿之前的半个周期发送数据，在 SPICLK 信号的下降沿接收数据。

　　◆无相位延时的上升沿：SPICLK 为低电平有效。在 SPICLK 信号的上升沿发送数据，在 SPICLK 信号的下降沿接收数据。

　　◆有相位延时的上升沿：SPICLK 为低电平有效。在 SPICLK 信号的下降沿之前的半个周期发送数据，而在 SPICLK 信号的上升沿接收数据。

　　◆接收和发送可同时操作（可以通过软件屏蔽发送功能）。

　　◆通过中断或查询方式实现发送和接收操作。

　　◆9 个 SPI 模块控制寄存器。

　　注意：SPI 模块的寄存器都是 16 为寄存器。当访问这些寄存器时，低字节（位 7~0）是寄存器的数据，对高字节（位 15~8）进行读操作返回 0，写操作没有影响。

●增强特点：

　　◆16 级发送/接收 FIFO；

　　◆延时发送控制。

6.1.1.1　SPI 功能框图

　　图 6.2 给出了 SPI 从/动模式的功能框图，图中给出了 TMS320F2812 处理器 SPI 模块的基本控制单元。

6.1.1.2　SPI 模块信号介绍

　　表 6.1 给出了 SPI 接口信号的功能定义。

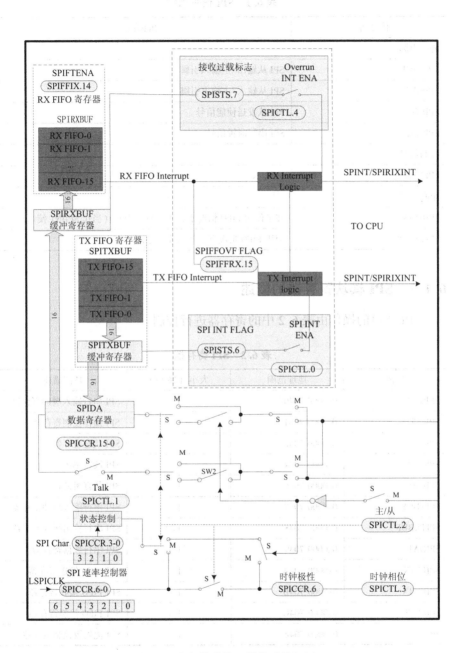

图 6.2　串行外设接口模块功能框图

表 6.1　SPI 信号总结

信号名称	功能描述
外部引脚	
SPISOMI	SPI 从输出/主输入引脚
SPISIMO	SPI 从输入/主输出引脚
SPISTE	SPI 从发送使能信号
SPICLK	SPI 串行时钟信号
控制信号	
SPI 时钟速率	SPICLK
中断信号	
SPIRXINT	在不使用 FIFO 情况下，作为发送中断（当作 SPIINT 使用）
SPITXINT	使用 FIFO 情况下，作为发送中断

6.1.2　SPI 模块寄存器的概述

　　SPI 接口的操作由表 6.2 中的寄存器进行控制。

表 6.2　SPI 寄存器

名称	地址范围	大小（16 位）	功能描述
SPICCR	0x0000 7040	1	SPI 串行输入缓冲寄存器
SPICTL	0x0000 7041	1	SPI 操作控制寄存器
SPIST	0x0000 7042	1	SPI 状态寄存器
SPIBRR	0x0000 7044	1	SPI 波特率控制寄存器
SPIEMU	0x0000 7046	1	SPI 仿真缓冲寄存器
SPIXBUF	0x0000 7047	1	SPI 串行输入缓冲寄存器
SPITXBUF	0x0000 7048	1	SPI 串行输出缓冲寄存器
SPIDAT	0x0000 7049	1	SPI 串行数据寄存器
SPIFFTX	0x0000 704A	1	SPI FIFO 发送寄存器
SPIFFRX	0x0000 704B	1	SPI FIFO 接收寄存器
SPIFFCT	0x0000 704C	1	SPI FIFO 控制寄存器
SPIRI	0x0000 704F	1	SPI 优先级控制寄存器

　　注意：这些寄存器被影射到外设帧 2 空间，这个空间只允许 16 位的访问，使用 32 位的访问会产生不定的结果。

SPI 接口可以接收或发送 16 位数据，并且接收和发送都是双缓冲。所有数据寄存器都是 16 位数据格式。工作在从模式下，SPI 传输速率不受最大速率 LSPCLK/8 的限制。主从模式中最大发传输速率都是 LSPCLK/4。向串行数据寄存器 SPDAT 以及新的发送缓冲器。（SPITXBUF）写数据，必须在一个 16 位寄存器内左对齐。

SPI 接口可以配置成为通用 I/O 使用，由 SPIPIC（704DH）和 SPIPC2 两个控制寄存器控制。SPI 模块的 9 个寄存器用来控制 SPI 的操作。

● SPICCR（SPI 配置控制寄存器）：包含 SPI 配置的控制位。
 ◆ SPI 模块软件复位；
 ◆ SPICLK 极性选择；
 ◆ 4 个 SPI 字符长度控制位。
● SPICTL（SPI 操作控制位）：包含数据发送的控制使。
 ◆ 2 个 SPI 中断使能位；
 ◆ SPICLK 极性选择；
 ◆ 操作模式（主/从）；
 ◆ 数据发送使能。
● SPISTS（SPI 状态寄存器）：包含 2 个接收缓冲状态位和 1 个发送缓冲状态位。
 ◆ RECEIVER VERRUN；
 ◆ SPI INT FLAG；
 ◆ TX BUF FULL FLAG；
● SPISTS（SPI 波特率控制寄存器）：包含确定传输速率的 7 位波特率控制位。
● SPIRXEMU（SPI 接收缓冲寄存器）：包含接收的数据，该寄存器仅用于仿真，正常操作使用 SPIRXBUF。
● SPIRXBUF（SPI 接收缓冲器——串行接收缓冲寄存器）：包含接收的数据。
● SPITXBUF（SPI 发送缓冲器——串行发送缓冲寄存器）：包含下一个要发送的字符。
● SPIDAT（SPI 数据寄存器）：包含 SPI 要发送的数据，作为发送/接收移位寄存器使用。写入 SPIDAT 的数据根据 SPICLK 的时序循环移出。对于从 SPI 中移出的每一位，来自接收数据流的每一位被移入到另一个移位寄存器。
● SPIPRI（SPI 优先级控制寄存器）：包含中断优先级控制位，当程序挂起时确定 XDS 仿真器的操作。

6.1.3 SPI 的操作

本节主要介绍 SPI 接口的操作，其中包括 SPI 的操作模式、中断、数据格式、时钟源的初始化以及典型的数据传输时序等。

6.1.3.1 操作介绍

图 6.3 给出两个控制器（主控制器和从控制器）之间的通信连接以及所使用的功能模块框图。主控制器通过发出 SPICLK 信号来启动数据传输。对于主控制器和从控制器，数据都是在 SPICLK 的一个边沿移出移位寄存器，并在相对的另一个边沿锁存到移位寄存器。如果 CLOCK PHASE 位（SPICTL. 3）为高，则在 SPICLK 跳变前的半个周期发送和接收数据。因此，两控制器能同时发送和接收数据，应用软件判定数据的仿真位。SPI 接口有 3 种可以使用的发送数据方式：

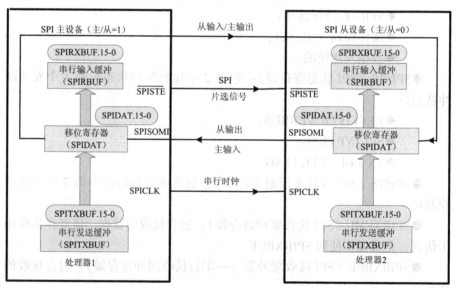

图 6.3 SPI 主控制器/从控制器的连接

- 主控制器发送数据，从控制器发送伪数据；
- 主控制器发送数据，从控制器发送数据；
- 主控制器发送伪数据，从控制器发送数据。

由于主控制器控制 SPICLK 传导，它可以在任何时刻启动数据发送。但需要通过软件确定主控制器如何检测从控制器何时准备好发送数据。

6.1.3.2　SPI 模块主和从操作模式

SPI 接口有主和从两种操作模式，MASTER/SLAVE 位（SPICTL.2）选择操作模式以及 SPICLK 信号的来源。

（1）主模式。

工作在主模式下（MASTE/SLAVE=1），SPI 在 SPICLK 引脚为整个串行通信网络提供时钟。数据从 SPISIMO 引脚输出，并锁存 SPISOMI 引脚上输入的数据。SPIBRR 寄存器确定通信网络的数据传输的速率，通过 SPIBRR 寄存器可以配置 126 种不同的数据传输率。

写数据到 SPIDAT 或 SPIBUF 寄存器，启动 SPISIMO 引脚上的数据发送，首先发送的是最高有效位（MSB）。同时，接收的数据通过 SPISOMI 引脚移入 SPIDAT 的最低有效位。当传输完特定的位数后，接收到的数据被发送到 SPIRXBUF 寄存器，以备 CPU 读取。数据存放在 SPIRXBUF 寄存器中，采用右对齐的方式存储。

当指定数量的数据位已经通过 SPIDAT 位移位后，则会发生下列事件：

● SPIDAT 中的内容发送到 SPIRXBUF 寄存器中。

● SPI INT FLAG 位（SPISTS.6）置 1。

● 如果在发送缓冲器 SPIRXBUF 中还有有效的数据（SPISTS 寄存器中的 TXBUF FULL 位标示是否存在有效数据），则这个数据将被传送到 SPI-DAT 寄存器并被发送出去。否则所有位从 SPIDAT 寄存器移出后，SPICLK 时钟立即停止。

● 如果 SPI INT ENA 位（SPICTL.0）置 1，则产生中断。

在典型应用中，SPISTE 引脚作为从 SPI 控制器的片选控制信号，在主 SPI 设备同从 SPI 设备之间传送信息的过程中，SPISTE 置成低电平；当数据传送完毕后，该引脚置高。

（2）从模式。

在从模式中（MASTER/SLAVE = 0），SPISOMI 引脚为数据输出引脚，SPISIMO 引脚为数据输入引脚。SPICLK 引脚为串行移位时钟的输入，该时钟由网络主控制器提供，传输率也由该时钟决定。SPICLK 输入频率应不超过 CLKOUT 频率的 1/4。

当从 SPI 设备检测到来自网络主控制器的 SPICLK 信号的合适时钟边沿时，已经写入 SPIDAT 或 SPITXBUF 寄存器的数据被发送到网络上。要发送字符的所有位移出 SPIDAT 寄存器后，写入到 SPITXBUF 寄存器的数据将会传送到 SPIDAT 寄存器。如果向 SPITXBUF 写入数据时没有数据发送，数据将立即传送到 SPIDAT 寄存器。为了能够接收数据，从 SPI 设备等待网络主控制器发送 SPICLK 信号，然后将 SPISOMI 引脚上的数据移入到 SPDAT 寄存器中。如果从控制器同时也发送数据，而且 SPITXBUF 还没有装载数据，则必须在 SPICLK 开始之前把数据写入到 SPITXBUF 或 SPIDAT 寄存器。

当 TAIK 位（SPICTL.1）清零，数据发送被禁止，输出引脚（SPISO-MI）处于高阻状态。如果在发送数据期间将 TALK 位（SPICTL.1）清零，即使 SPISOMI 引脚被强制置成高阻状态，也要完成当前的字符传输，这样可以保证 SPI 设备能够正确地接收数据；这个 TAIK 位允许在网络上有多个从 SPI 设备。但在某一时刻只能有一个从设备来驱动 SPISOMI。

SPISTE 引脚用作从动选择引脚时，如果 SPISTE 引脚为低，允许从 SPI 设备向串行总线发送数据；当 SPISTE 为高电平时，从 SPI 串行移位寄存器停止工作，串行输出引脚被置成高阻状态。在同一个网络可以连接多个从 SPI 设备，但同一时刻只能有一个设备起作用。

6.1.4 SPI 中断

本节主要介绍 SPI 的初始化中断、数据格式、时钟控制、设定初值和数据发送的信号的控制位。

6.1.4.1 SPI 中断控制位

5 个控制位用于初始化 SPI 中断：

- SPI 中断使能位（SPICTL.0）；
- SPI 中断标志位（SPICTL.6）；
- 超时中断使能位（SPICTL.4）；
- 接收超时中断标志位（SPISTS.7）；
- SPI 优先级控制（SPISTS.7）。

（1）SPI 中断使能位（SPlCTL.0）。

当 SPI 中断使能位被置位，且满足中断条件时，产生相应的中断。

- 0 禁止 SPI 中断；
- 1 使能 SPI 中断。

（2）SPI 中断标志位（SPISTS.6）。

该状态标志位表示在 SPI 接收器中已经存放了字符，可以被读取。当整个字符移入或移出 SPIDAT 寄存器时，SPI 中断标志位（SPISTS.6）被置位，并且如果 SPI 中断被使能，则产生一个中断。除非有下列事件发生清除中断标志，否则一直保持置位状态。

- 相应中断（这与 C240 是不同的）；
- CPU 读取 SPIRXBUF 寄存器（读 SPIRXEMU 寄存器不清除 SPI 中断

标志位）;

●使用 IDLE 指令位芯片进入 IDLE2 或 HALT 模式;

●软件清除 SPI SE RESET 位（SPICCR.7）;

●产生系统复位。

当 SPI 中断标志位被设置，一个字符被放入 SPIRXBUF 寄存器中，且准备被读。如果 CPU 在下一个字符被全部接收后还不读该字符，则新的字符将写入到 SPIRXBUF 寄存器中。且接收超时标志位（SPISTI.7）置位。

（3）超时中断使能位（SPICLT.4），

当接收超时标志位被硬件置位时，设置中断超时中断使能位允许产生中断。SPISTS.7 位和 SPI 中断标志位（SPISTS.6）共享同一个中断向量。

●0 禁止接收超时标志位中断;

●1 使能接收超时标志位中断。

（4）接收超时标志位（SPISTS.7），

在前一个接收的字符被读取之前，又接收到一个新的字符，存储到 SPIRXBUF 寄存器将会使接收超时标志位置位。接收超时标志位必须由软件清除。

6.1.4.2 数据格式

在数据字符中，SPICCR.3~SPICCR.0 这 4 个控制位指定字符的位数（1~16）。状态控制逻辑根据 SPICCR.3~SPICCR.0 的值计数接收和发送字符的位数，从而确定何时处理完一个数据。下列情况适用于少于 16 位的数据:

●当数据写入 SPIDAT 和 SPITXBUF 寄存器时，必须左对齐。

●数据从 SPIRXBUF 寄存器读取时，必须是右对齐的。

●SPIRXBUF 中包含了最新接收到的数据，且是右对齐，再加上已移位到左边的上次留下的位。如下例所示。

例 从 SPIRXBUF 发送位的条件如下，数据格式如图 6.4 所示。

图 6.4 SPI 通讯数据格式实例

①发送数据长度等于 1 位（在 SPICCR.3～SPICCR.0 中指定的）；

②SPIDAT 的当前值为 737BH。

注：如果 SPISOMI 引脚上的电平为高，则 $x=1$；

如果 SPISOMI 引脚上的电平为低，则 $x=0$；主动模式是假设的。

6.1.4.3 波特率和时钟设置

SPI 模块支持 125 种不同的波特率和 4 种不同的时钟方式。当 SPI 工作在主模式时，SPICLK 引脚为通讯网络提供；当 SPI 工作在从模式时，SPICLK 引脚接收外部时钟信号。

●在从模式下，SPI 时钟的 SPICLK 引脚使用外部时钟源，而且要求该时钟信号的频率不能大于 CPU 时钟的 1/4；

●在主动模式下，SPICLK 引脚向网络输出时钟，且该时钟频率不能大于 LSPCLK 频率的 1/4。

（1）波特率的确定。

下面给出 SPI（波特率）的计算方法：

●当 SPIBRR=3～127 时：

$$SPI = \frac{LSPCLK}{SPIBRR+1}$$

●当 SPIBRR=0，1，2 时：

$$SPI = \frac{LSPCLK}{4}$$

其中，LSPCLK 是 DSP 的低速外设时钟频率；SPIBRR 是主动 SPI 模块 SPIBRR 的值。

要确定 SPIBRR 需要设置的值，用户必须知道 DSP 的系统时钟（LSPCLK）频率和用户希望使用的通信波特率。

（2）SPI 时钟模式。

时钟极性选择位（SPICCR.6）和时钟相位选择位（SPICTL.3）控制着 SPICLK 上四种不同的时钟模式：时钟极性选择位选择时钟有效沿为上升沿还是下降沿，时钟相位选择位选择时钟的 1/2 周期延迟。四种不同的时钟方式如下。

●无相位延迟的下降沿：SPICLK 为高有效。在 SPCLK 信号的下降沿发送数据，在 SPICLK 信号的上升沿接收数据。

●有相位延迟的下降沿：SPICLK 为高有效。在 SPICLK 信号的下降沿之前的半个周期发送数据，在 SPICLK 信号的下降沿接收数据。

●无相位延迟的上升沿：SPICLK 为低态。在 SPICLK 信号的上升沿发送数据，在 SPICLK 信号的下降沿接收数据。

●有相位延迟的上升沿：SPICLK 为低态。在 SPICLK 信号的下降沿之前的半个周期发送数据，而在 SPICLK 信号的上升沿接收数据。

对于 SPI 时钟控制方式的部分设置如表 6.3 所示，其时钟格式如图 6.5 所示。

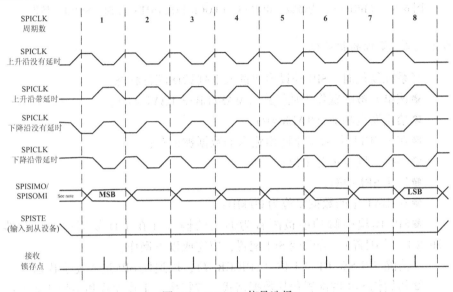

图 6.5 SPICLK 信号选择

表 6.3 SPI 时钟控制方式选择向导

SPCLK 时钟方式	时钟极性选择位 SPICC.6	时钟相位控制 SPICTL.3
无相位延迟的上升沿	0	0
有相位延迟的上升沿	0	1
无相位延迟的下降沿	1	0
有相位延迟的下降沿	1	1

对于 SPI，当 (SPIBRR+1) 为偶数时，SPICLK 是对称的（占空比为 50%）。如果 (SPIBRR+1) 值为奇数且 SPIBRR 的值大于 3，SPICLK 为不对称。当 CLOCK POLARITY 位清零时，SPICLK 的低脉冲比它的高脉冲长一个系统时钟。当 CLOCK POLARITY 置 1 时，SPICLK 的高脉冲比它的低脉冲长一个系统时钟，如图 6.6 所示。

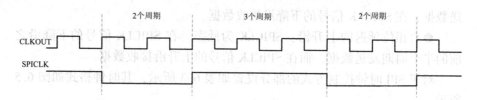

图 6.6　(BRR+1) 为奇数, BRR>3, CLOCK POLARITY=1 时, SPICLK 特性

6.1.4.4 复位的初始化

当系统复位时, SPI 外设模块进入下列默认配置状态:
- 该单元被配置作为从模式 (MASTER/S LAVE=0);
- 禁止发送功能 (TALK=0);
- 在 SPICLK 信号的下降沿输入的数据被锁存;
- 字符长度设定为 1 位;
- 禁止 SPI 中断;
- SPIDAT 个的数据复位为 0000H;
- SPI 模块引脚功能被配置为通用的输入 (在 I/O 复用控制寄存器 [MCRB] 中配置)。为改变 SPI 配置, 应完成以下操作:

①清除 SPI SW RESET 位 (SPICCR. 7), 以迫使 SPI 进入复位状态;
②初始化 SPI 的配置包括数据格式、波特率、工作模式和引脚功能等;
③设置 SPI SW RESET 位为 1, 使 SPI 退出复位状态;
④写数据到 SPIDAT 或 SPITXBUF (这就启动了主模式通信过程);
⑤数据传输结束后 (SPISTS. 6=1), 读取 SPIRXBUF 中的数据。

在初始化 SPI 过程中, 为了防止产生不必要和不期望的事件, 在位初始化值改变前清除 SPI SW RESET 位 (SPICCR. 7), 然后在初始化完成后再设置该位。在通信过程中不要改变 SPI 的设置。在通信进程正在进行时, 不要改变 SPI 的配置。

6.1.4.5 数据传输实例

如图 6.7 所示的时序图, 描述了使用对称的 SPICLK 信号时, 两个 SPI 设备之间实现 5 位字符的传输。

使用非对称的 SPICLK 的时序图 (图 6.6) 具有与图 6.7 相类似的性质, 但有一点除外: 在低脉冲期间 (CLOCK POLARITY=0) 或高脉冲期间 (CLOCK POLARITY=1), 采用非对称的 SPICLK 的数据发送每一位时, 要延长一个系统时钟周期。

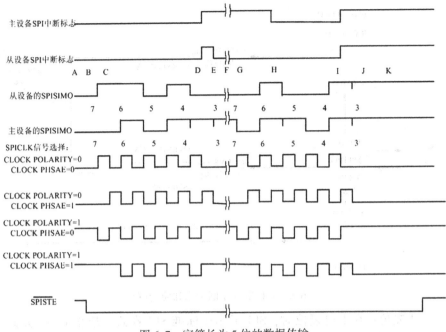

图 6.7 字符长为 5 位的数据传输

注：

A：从控制器将 0D0H 写入到 SPIDAT，并等待主控制器移出数据；

B：主控制器将从控制器的 SPISTE 引脚拉低；

C：主控制器将 058H 写入到 SPIDAT 来启动发送过程；

D：第一个字节发送完成，设置中断标志；

E：从控制器从它的 SPIRXBUF 寄存器中读取 0BH；

F：从控制器将 0C4H 写入到 SPIDAT 且等待主控制器移出数据；

G：主控制器将 06CH 写入到 SPIDAT 来启动发送过程；

H：主控制器从 SPIRXBUF 寄存器中读 01AH；

I：第二个字节发送完成，设置中断标志位；

J：主、从控制器分别从各自的 SPIRXBUF 寄存器中读 89H 和 8DH，在用户软件屏蔽了未使用的位后，主、从控制器分别接收 09H 和 0DH；

K：主控制器将从控制器的 SPISTE 引脚的电平置高。

6.1.5 SPI FIFO 描述

下面介绍 FIFO 的特点以及 SPI FIFO 的编程方法，图 6.8 给出了 SPI FIFO 中断标志和使能逻辑控制图，表 6.4 给出了 SPI 中断标志模式，

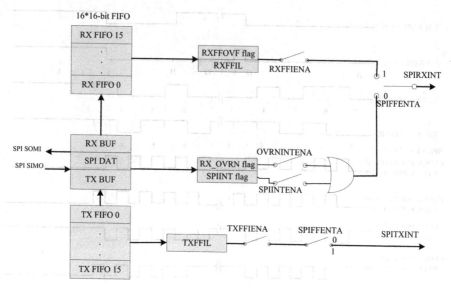

图 6.8　SPI FIFO 中断标志和使能逻辑

①复位：在上电复位时，SPI 工作在标准 SPI 模式，禁止 FIFO 功能。FIFO 的寄存器 SPIFFTX，SPIFFRX 和 SPIFFCT 不起作用。

②标准 SPI：标准的 240x SPI 模式，工作时将在 SPIINT/SPIRXINT 作为中断源。

③模式改变：通过将 SPIFFTX 寄存器中的 SPIFFEN 的位置为 1，位能 FIFO 模式。SPIRST 能在操作的任一阶段复位 FIFO 模式。

④Active 寄存器：所有的 SPI 寄存器和 SPIFIFO 寄存器 SPIFFTX，SPIFFRX 和 SPIFFCT 将有效。

⑤中断：FIFO 模式有两个中断，一个用于发送 FIFO，SPITXINT，另一个用于接收 FIFO，SPITXINT/SPIRXINT。对于 SPI FIFO 接收来说，当 SPIFIFO 接收信息，产生接收错误或者接收 FIFO 溢出都会产生 SPITXINT/SPIRXINT 中断。对于标准 SPI 的发送和接收，唯一的 SPIINT 将被禁止且这个中断将服务于 SPI 接收 FIFO 中断。

⑥缓冲器：发送和接收缓冲器使用两个 16×16 FIFO，标准 SPI 功能的一个字的发送缓冲器作为在发送 FIFO 和移位寄存器间的一个发送缓冲器。移位寄存器的最后一位被移出后，发送缓冲器将从发送 FIFO 装载。

⑦延时的发送：FIFO 中的发送字发送到发送移位寄存器的速率是可编程的。SPIFFCT 寄存器位（7~0）FFTXDLY7～FFTXDLY0 定义了在两个字发送间的延时。这个延时以 SPI 串行时钟周期的数量来定义。该 8 位寄存器

可以定义最小 0 个串行时钟周期的延迟和最大 256 个串行时钟周期的延迟。0 时钟周期延迟的 SPI 模块能将 FIFO 字一位紧接一位地移位,连续发送数据。256 个时钟周期延迟的 SPI 模块能在最大延迟模式下发送数据,每个 FIFO 字的移位间隔 256 个 SPI 时钟周期的延迟。该可编程延时的特点,使得 SPI 接口可以与许多速率较慢的 SPI 外设如 EEPROMs,ADC,DAC 等方便地直接连接。

⑧FIFO 状态位:发送和接收 FIFO 都有状态位 TXFFST 或 RXFFST(位 12~0),状态位定义任何时刻在 FIFO 中可获得的字的数量。当发送 FIFO 复位 TXFIFO 和接收复位位 RXFIFO 被设置为 1 时,将使 FIFO 指针指向 0。一旦这两个复位位被清除为 0,则 FIFO 将重新开始操作。

可编程的中断级别:发送和接收都能产生 CPU 中断,一旦发送 FIFO 状态位 TXFFST(位 12~8)和中断触发级别位 TXFFIL(位 4~0)匹配,就会触发中断,这给 SPI 的发送和接收提供了一个可编程的中断触发器。接收 FIFO 的触发级别位的默认是值 0x11111,发送 FIFO 的触发级别位的默认值是 0x00000。

表 6.4 SPI 中断标志模块

FIFO 选项	SCI 中断源	中断标志	中断使能	FIFO 使能 SCIFFENA	中断线
SPI 不使用 FIFO					
	接收超时	RXOVRN	OVRNINTENA	0	SPIXIINT *
	接收数据	SPIINT	SPIINTENA	0	SPIXIINT *
	发送空	SPIINT	SPIINTENA	0	SPIXIINT *
SPI FIFO 模式					
	FIFO 接收	RXFFIL	RXFFIENA	1	SPIXIINT *
	发送空	TXEEIL	TXFFIENA	1	SPIXIINT *

* 在非 FIFO 模式中,SPIRXINT 与 240x 芯片中的 SPIINT 中断是相同的。

6.1.6 SPI 控制寄存器

SPI 通过控制寄存器文件中的寄存器进行 SPI 的控制和访问。

6.1.6.1 SPI 配置控制寄存器(SPICCR)

图 6.9 给出了 SPI 配置控制寄存器的各位分配情况,表 6.5 描述了 SPI 配置控制寄存器各位的功能定义,表 6.6 描述的是字符长度控制定义。

SPI 配置控制寄存器(SPICCR)的地址为 7040H。

7	6	5	4	3	2	1	0
SPI SW Reset	CLOCK POLARITY	Reserved	SPILBK	SPI CHAR3	SPI CHAR 2	SPI CHAR1	SPI CHAR0
R/W-0	R/W-0	R-0	R-0	R-0	R-0	R-0	R-0

图 6.9 SPI 配置控制寄存器（SPICCR）

表 6.5 SPI 配置控制寄存器功能定义

位	名称	功能描述
7	SPISW RESET	SPI 软件复位位 当改变配置时，用户在改变配置前应把该位清除，并在恢复操作前设置该位 0 初始化 SPI 操作标志位则复位条件。特别的，接收器超时位（SPISTS.7），SPI 中断标志位（SPISTS.6）和 TXBUF FULL 标志位（SPISTS.5）被清除，SPI 配置保持不变。如果该模块作为主控制器使用，则 SPICLK 信号输出返回它的无效级别 1 SPI 准备发送或接收下一个字符，当 SPI SW RESET 位是 0 时，一个写入发送器的字符在该位被设置时将不会被移出，新的字符必须写入串行数据寄存器中
6	CLOCK POLARITY	移位时钟极性位 该位控制 SPICLK 信号的极性：CLOCK PALARITY 和 CLOCK PHASE（SPICTL）控制在 SPICLK 引脚上的 4 种时钟控制方式 0 数据在上升沿输出且在下降沿输入。当无 SPI 数据发送时，SPI 发生低电平。数据输入和输出边缘依靠的时钟相位位（SPICTL.3）的值如下所示 CLOCK PHASE=0：数据在 SPICLK 信号的上升沿输出；输入数据锁存在 SPICLK 信号的下降位 CLOCK PHASE=1：数据在 SPICLK 信号的第一个上升沿前的半个周期和随后的下降沿输出；输入信号所存在 SPICLK 信号的上升沿 1 数据在下降沿输出且在上升沿输入。当没有 SPI 信号发送时，SPICLK 处于高阻状态，输入和输出数据依靠的时钟相位位的值如下所示 CLOCK PHASE=0：数据在 SPICLK 信号的下降沿输出；输入信号被锁存在 SPICLK 信号的上升沿 CLOCK PHASE=1：数据在 SPICLK 信号第一个下降沿的前半个周期和后来的 SPICLK 信号的上升沿输出；输入信号被锁存 SPICLK 信号的下降位
5	保留	

续表

位	名称	功能描述
4	SPILBK	SPI 自测试模式 自测试模式在芯片测试期间允许模块的确认，这种模式只在 SPI 的主控制方式中有效 0　SPI 自测试模式禁止—复位后的默认值 1　SPI 自测试模式使能，SIMO/SOMI 线路在内部连接在一起，用于模块自测
3~0	SPI CHAR3~0	字符长度控制位 3~0 这 4 位决定了在一个移动排序期间作为单字符的移入和移出的位的数据

表 6.6　字符长度控制位值

SPI CHAR3	SPI CHAR2	SPI CHAR1	SPI CHAR0	字符长度
0	0	0	0	1
0	0	0	1	2
0	0	1	0	3
0	0	1	1	4
0	1	0	0	5
0	1	0	1	6
0	1	1	0	7
0	1	1	1	8
1	0	0	0	9
1	0	0	1	10
1	0	1	0	11
1	0	1	1	12
1	1	0	0	13
1	1	0	1	14
1	1	1	0	15
1	1	1	1	16

6.1.6.2　SPI 操作控制寄存器（SPICTL）

SPICTL 控制数据发送，SPI 产生中断、SPICLK 相位和操作模式（主或从模式）。图 6.10 描述的是 SPI 操作控制寄存器的各位分配情况，表 6.7 描述了 SPI 操作控制寄存器的各位的功能定义。

SPI 操作控制寄存器（SPICTL）的地址为 7041H。

7	6	5	4	3	2	1	0
Reserved			OVERRUN INT ENA	CLOCK PHASE	MASTER/ SLAVE	TALK	SPI INT ENA
R-0			R/W-0	R/W-0	R/W-0	R/W-0	R/W-0

图 6.10   SPI 操作控制寄存器（SPICTL）

表 6.7   SPI 操作控制寄存器功能定义

位	名称	功能调用
7~5	保留	
4	Overrun INT ENA	超时中断使能 当接收溢出标志位被硬件设置时，该位引起一个中断产生，由接收溢出标志位和 SPI 中断标志位产生的中断共享同一个中断向量 0 禁止接收溢出标志位中断 1 使能接收溢出标志位中断
3	CLOCK PHASE	SPI 时钟相位选择 控制 SPI 信号的相位，时钟相位位和时钟极性位屏蔽 4 种不同的时钟控制方式。当时钟相位为高电平时，在 SPICLK 信号的第一个边沿前 SPIDAT 寄存器被写入数据后，SPI 可得到数据的第一位，除非 SPI 模式正在使用中 0 正常的 SPI 时钟方式，依赖于位 CLOCK POLARITY（SPICCR. 6） 1 SPICLK 信号延迟半个周期；极性由 CLOCK POLARITY 位决定
2	MASTER/SLAVE	SPI 网络模式控制 该位决定 SPI 是网络主动还是从动，在复位初始期间，SPI 自动配置为网络从动模式 0 SPI 配置为从动模式 1 SPI 配置为主动模式
1	TALK	主动/从动发送使能 该 TALK 位可以使串行数据输出线置于高阻状态，以禁止数据发送（主动或从动）。如果该位在一个发送期间禁止的。则发送移位寄存器继续运作，直到先前的字符被移出。当 TALK 位禁止时，SPI 仍能接收字符且能更新状态位。TALK 由系统复位清除（禁止） 0 禁止发送： 从动模式操作：如果不事先配置为通用的 I/O 引脚，SPISOMI 引脚将会被置于高阻状态 主动模式操作：如果不事先配置为通用的 I/O 引脚，SPISOMO 引脚将会被置于高阻状态 1 使能发送：对于 4 引脚选项，保证使能接收器SPISTE引脚

续表

位	名称	功能调用
0	SPI INT ENA	SPI 中断使能位 该位控制 SPI 发送/接收中断的能力，SPI 中断标志（SPISTS.6）位不受该位影响 0 禁止中断　　　　　　　　　　1 使能中断

6.1.6.3　SPI 状态寄存器（SPISTS）

图 6.11 给出了 SPI 状态寄存器的各位分配情况，表 6.8 描述了 SPI 状态寄存器各位的功能定义。

SPI 状态寄存器（SPISTS）的地址为 7042H。

7	6	5	4	3	2	1	0
RECEIVER OVERRUN FLAG Ⅰ Ⅱ	SPI INT FLAG Ⅰ Ⅱ	TX BUF FULL FLAG Ⅰ Ⅱ			Reserved		
R/C-0	R/C-0	R/C-0			R-0		

Ⅰ 接收溢出标志位和SPI中断标志位共用同一个中断矢量。
Ⅱ 向5，6，7位写入0不会影响这些位的值。

图 6.11　SPI 状态寄存器（SPISTS）

表 6.8　SPI 状态寄存器定义

位	名称	功能描述
6	SPI INT FLAG	SPI 中断标志位 SPI 中断标志位是一个只读标志位。SPI 硬件设置该位，是为了显示它已经完成发送或接收最后一位且准备下一步操作。在该位被设置的同时，已接收的数据被放入接受器缓冲器中。如果 SPI 中断使能位（SPICTL.0）被设置，这个标志位会引起一个请求中断。该位由下列三种方法之一清除 ●读 SPIRXBUF 到寄存器 ●写 0 到 SPI SW RESET 位（SPICCR.7） ●复位系统
5	TX BUF FULL FLAG	发送缓冲器满标志位 当一个数据写入 SPI 发送缓冲器满标志位 SPITXBUF 时，被设置为 1。在数据被自动地装入 SPIDAT 中，且先前的数据移出完成时，该位会被清除。该位复位时被清除

续表

位	名称	功能描述
7	RECEIVER OVERRUN FLAG	SPI 接受溢出标志位 该位为只读只清除标志位，在前一个字符从缓冲器读出之前，又完成一个接收或发送操作，则 SPI 硬件将设置该位。该位显示最后接收到的字符已被覆盖写入，并因此而丢失（应用程序读出原来字符之前，SPI 模块将会覆 SPIRXBUF）。如果这个溢出中断使能位（SPICTL.4）被置为高、则该位每次被设置时 SPI 就发生一次中断请求，该位由以下操作之一清除 ●写 1 到该位 ●写 0 到 SPI SW RESET 位 ●复位系统 如果 OVERRUN INT ENA 位（SPICTL.4）被设置，则 SPI 仅在第一次 RECEIVER OVERRUN FLAG 置位时产生一个中断，如果该位被设置，则后来的溢出将不会请求另外的中断。这意味着为了允许新的溢出中断请求，在每次溢出时间时，用户必须通过写 1 到 SPISTS.7 位清除该位。换句话说，如果 RECEIVER OVERRUN FLAG 位由中断服务子程序保留设置（未被清除），则当中断子程序退出时，将不会立即产生另一个溢出中断。无论如何，在中断服务子程序期间应清除 RE-CEIVER OVERRUN FLAG 位，因为 RECEIVER OVERRUN FLAG 位和 SPI INT FLAG 位（SPISTS.6）共用同样的中断向量
4~0	保留	

6.1.6.4　SPI 波特率设置寄存器（SPIBRR）

图 6.12 给出了 SPI 波特率设置寄存器的各位分配情况，表 6.9 描述了 SPI 波特率设置寄存器的各位的功能定义。

SPI 波特率选择寄存器（SPIBRR）的地址为 7044H。

7	6	5	4	3	2	1	0
Reserved	SPI BIT RATE 6	SPI BIT RATE 5	SPI BIT RATE 4	SPI BIT RATE 3	SPI BIT RATE 2	SPI BIT RATE 1	SPI BIT RATE0
R-0	R/W-0	R/W-0	R/W-0	R/W-0	R/W-0	R/W-0	R/W-0

图 6.12　SPI 波特率选择寄存器（SPIBRR）

表 6.9　SPI 波特率选择控制寄存器功能定义

位	名称	功能描述
7	保留	

续表

位	名称	功能描述
6	SPI 位 RATE6~0	SPI 波特率控制位 如果 SPI 处于网络主动模式，则这些位决定了位发送率。共有 125 种数据发送率可供选择（对于 CPU 时钟 LSPCLK 的每个功能），在每个 SPICLK 周期，一个数据一个数据位被移位（SPICLK 是在 SPICLK 引脚的波特率时钟输出）。如果 SPI 处于网络从动模式，模块在 SPICLK 引脚从网络从动器接受一个时钟信号；因此，这些位对 SPICLK 信号没有影响。来自从动器的输入时钟的频率不应超过 SPI 模块的 SPI-CLK 信号的四分之一。在主动模式下，SPI 时钟由 SPI 产生，且在 SPICLK 引脚上输出，SPI 波特率由下列公式决定 ● 当 SPIBRR = 3~127 时 $$SPI = \frac{LSPCLK}{SPIBRR + 1}$$ ● 当 SPIBRR = 0，1，2 时 $$SPI = \frac{LSPCLK}{4}$$ 其中，LSPCLK 是 DSP 的低速外设时钟频率 SPIBRR 是主动 SPI 模块 SPIBRR 的值

6.1.6.5 SPI 仿真缓冲寄存器（SPIRXEMU）

SPIRXEMU 包含接收到的数据。读 SPIRXEMU 寄存器不会清除 SPI INT FLAG 位（SPISTS.6）。这不是一个真正的寄存器，而是与 SPIRXBUF 寄存器的内容相同，且在没有清除 SPI INT FLAG 位的情况下能被仿真器读取的伪地址，SPI 仿真缓冲寄存器的各位分配情况如图 6.13 所示，该寄存器的功能定义如表 6.10 所示。

SPI 仿真缓冲寄存器（SPIRXEMU）的地址为 7046H。

15	14	13	12	11	10	9	8
ERXB15	ERXB14	ERXB13	ERXB12	ERXB11	ERXB10	ERXB9	ERXB8
R-0	R-0	R-0	R-0	R-0	R-0	R-0	R-0

7	6	5	4	3	2	1	0
ERXB7	ERXB6	ERXB5	ERXB4	ERXB3	ERXB2	ERXB1	ERXB0
R-0	R-0	R-0	R-0	R-0	R-0	R-0	R-0

图 6.13 SPI 仿真缓冲寄存器（SPIRXEMU）

表 6.10 SPI 仿真缓冲寄存器功能定义

位	名称	功能描述
15~0	ERXB15~ERXB0	仿真缓冲器接收数据位。除了读 SPIRXEMU 时不清楚 SPI INT FLAG 位（SPISTS.6）之外，SPIRXEMU 寄存器功能几乎等同于 SPIRXBUF 寄存器的功能，一旦 SPIDAT 收到完整的数据，这个数据就被发送到 SPIXEMU 寄存器和 SPIRXBUF 寄存器，数据能在这两个地方读出，与此同时，设置 SPI INT FLAG 位，读 SPIRXBUF 寄存器清除 SPI INT FLAG 位（SPISTS.6）。在仿真器的正常操作下，读控制器可以不断地更新显示屏上的寄存器内容。读 SPIRXBUF 不会清除 SPI INT FLAG 位，但读 SPIRXBUF 会清除该位。换句话说，SPIRXEMU 使能仿真器，以便准确地仿真 SPI 的正确操作。用户应该在正常的仿真运行模式下观察 SPIRXEMU

6.1.6.6 SPI 串行接收缓冲寄存器 (SPIRXBUF)

SPIRXBUF 包含有接收到的数据，读 SPIRXBUF 会清除 SPI INT FLAG 位（SPISTS.6），SPI 接收缓冲寄存器各位的分配情况如图 6.14 所示，该寄存器的功能定义如表 6.11 所示。

SPI 串行接收缓冲寄存器 (SPIRXBUF) 的地址为 7047H。

15	14	13	12	11	10	9	8
RXB15	RXB14	RXB13	RXB12	RXB11	RXB10	RXB9	RXB8
R-0	R-0	R-0	R-0	R-0	R-0	R-0	R-0

7	6	5	4	3	2	1	0
RXB7	RXB6	RXB5	RXB4	RXB3	RXB2	RXB1	RXB0
R-0	R-0	R-0	R-0	R-0	R-0	R-0	R-0

图 6.14 SPI 接收缓冲寄存器 (SPIRXBUF)

表 6.11 SPI 接收缓冲寄存器功能定义

位	名称	功能描述
15~0	RXB15~RXB0	接收数据位。一旦 SPIDAT 接收到完整的数据，数据就被发送到 SPIRXBUF 寄存器，数据可在这个寄存器中读出，与此同时，设置 SPI INT FLAG 位（SPISTS.6）。因为数据首选被移入 SPI 模块的最有效位，所以在寄存器中它右对齐存储

6.1.6.7 SPI 串行发送缓冲寄存器 (SPITXBUF)

SPITXBUF 存储下一个数据是为了发送，向该寄存器写入数据会设置加 TXBUF FULL FLAG 位 (SPISTS.5)。当目前的数据发送结束时，寄存器的内容会自动地装入 SPPDAT 中，且 TX BUF FULL FLAG 位被清除。如果当前没有发送，写到该位的数据将会传送到 SPIDAT 寄存器中，且 TX BUF FULL 标志位不被设置。

在主动模式下，如果当前发送没有被激活，则向该位写入数据将启动发送，同时数据被写入到 SPIDAT 寄存器中。SPI 串行发送缓冲寄存器各位的分配情况如图 6.15 所示，其功能定义如表 6.12 所示。

SPI 串行发送缓冲寄存器 (SPITXBUF) 的地址为 7048H。

15	14	13	12	11	10	9	8
TXB15	TXB14	TXB13	TXB12	TXB11	TXB10	TXB9	TXB8
R/W-0	R/W-0	R/W-0	R/W-0	R/W-0	R/W-0	R/W-0	R/W-0

7	6	5	4	3	2	1	0
TXB7	TXB6	TXB5	TXB4	TXB3	TXB2	TXB1	TXB0
R/W-0	R/W-0	R/W-0	R/W-0	R/W-0	R/W-0	R/W-0	R/W-0

图 6.15 SPI 发送缓冲寄存器 (SPITXBUF)

表 6.12 SPI 发送缓冲寄存器功能定义

位	名称	功能描述
15~0	TXV15~TXV0	发送数据缓冲位。在这里存储准备发送的下一个数据。当目前的数据发送完成后，如果 TX BUF FULL 标志位被设置，则该寄存器的内容自动发送到 SPIDAT 寄存器中，且 TX BUF FULL 标志位被设置。向 SPITXBUF 中写入的数据必须是左对齐

6.1.6.8 SPI 串行数据寄存器 (SPIDAT)

SPIDAT 是发送/接收移位寄存器。写入 SPIDAT 寄存器的数据在连续的 SPICLK 周期中被移出 (最高位)。对于移出 SPI 的每一位 (MSB)，将有一位移出到移位寄存器的最低位 LSB。该寄存器各位的分配情况如图 6.16 所示，其功能定义如表 6.13 所示。

SPI 串行数据寄存器 (SPIDAT) 的地址为 7049H。

15	14	13	12	11	10	9	8
SDAT15	SDAT14	SDAT13	SDAT12	SDAT11	SDAT10	SDAT9	SDAT8
R/W-0	R/W-0	R/W-0	R/W-0	R/W-0	R/W-0	R/W-0	R/W-0

7	6	5	4	3	2	1	0
SDAT7	SDAT6	SDAT5	SDAT4	SDAT3	SDAT2	SDAT1	SDAT0
R/W-0	R/W-0	R/W-0	R/W-0	R/W-0	R/W-0	R/W-0	R/W-0

图 6.16 SPI 数据寄存器（SPIDAT）

表 6.13 SPI 数据寄存器功能定义

名称	功能描述	
15~0	SDAT15~SDAT0	串行数据位，写入 SPIDAT 的操作执行以下两个功能 ●如果 TALK 位（SPCTL.1）被设置，则该寄存器提供将被输出到串行输出引脚的数据 ●当 SPI 处于主动工作方式时，数据开始发送。在开始发送时，参考在 SPI 配置控制寄存器的 CLOCK POLARITY 位（SPICCR.6）进行扫描 在主动模式下，将伪数据写入到 SPIDAT 中，用以启动接受器的排序，因为硬件不支持少于 16 位的数据进行对齐处理，所以要发送的数据必须先进行左对齐，而接受到的数据则用右对齐方式读出

6.1.6.9 SPIFFTX 寄存器

图 6.17 给出了 SPIFFTX 寄存器的各位分配情况，表 6.14 给出了各位的定义。

15	14	13	12	11	10	9	8
SPIRST	SPIFFENA	TXFIFO Reset	TXFFST4	TXFFST3	TXFFST2	TXFFST1	TXFFST0
R-0	W-0	R/W-1	R-0	R-0	R-0	R-0	R-0

7	6	5	4	3	2	1	0
TXFFINT	TXFFINT CLR	TXFFIENA	TXFFIL4	TXFFIL3	TXFFIL2	TXFFIL1	TXFFIL0
R-0	W-0	R/W-0	R/W-1	R/W-1	R/W-1	R/W-1	R/W-1

图 6.17 SPIFFTX 寄存器

表 6.14 SPIFFTX 寄存器功能定义

位	名称	复位	功能描述
15	SPIRST	1	0 写 0, 复位 SPI 发送和接收通道, SPI FIFO 寄存器配置位将被留着 1 SPI FIFO 能重新开始发送或接收, 这不影响 SPI 的寄存器位
14	SPIFFENA	0	0 SPI FIFO 增强被禁止, 且 FIFO 处于复位状态 1 SPI FIFO 增强被使用
13	TXFIFO Reset	0	0 写 0, 复位 FIFO 指针为 0, 且保持复位状态 1 重新使能发送 FIFO 操作
12~8	TXFFST4~0	00000	00000 发送 FIFO 是空的 00001 发送 FIFO 1 个字节 00010 发送 FIFO 2 个字节 00011 发送 FIFO 3 个字节 ⋮ 10000 发送 FIFO 16 个字节
7	TXFFINT	0	0 TX FIFO 是未发生的中断, 只读位 1 TX FIFO 是已发生的中断, 只读位
6	TXFFINT CLR	0	0 写 0 对 TXFIFINT 标志位无影响, 且位的读归 0 1 写 1 清除 TXFFINT 标志的第 7 位
5	TXFFIENA	0	0 基于 TXFFIVL 匹配 (少于或等于) 的 TX FIFO 中断将禁止 1 基于 TXFFIVL 匹配 (少于或等于) 的 TX FIFO 中断将使能
4~0	TXFFIL4~0	00000	TXFFIL4~0 发送 FIFO 中断级别位, 当 FIFO 状态位 (TXFFST4~0) 和 FIFO 级别位 (TXFFIL4~0) 匹配时 (少于或等于), 将产生中断 默认值为 0x00000

6.1.6.10 SPIFFRX 寄存器

图 6.18 给出了 SPIFFRX 寄存器的各位分配情况, 表 6.15 给出了各位的定义。

15	14	13	12	11	10	9	8
RXFFOVF FLAG	RXFFOVF CLR	RXFIFO Reset	RXFFST4	RXFFST3	RXFFST2	RXFFST1	RXFFST0
R-0	W-0	R/W-1	R-0	R-0	R-0	R-0	R-0

7	6	5	4	3	2	1	0
RXFFINT FLAG	RXFFINT CLR	RXFFINTNA	RXFFIL4	RXFFIL3	RXFFIL2	RXFFIL1	RXFFIL0
R-0	W-0	R/W-0	R/W-1	R/W-1	R/W-1	R/W-1	R/W-1

图 6.18 SPIFFRX 寄存器

表 6.15 SPIFFRX 寄存器功能定义

位	名称	复位	功能描述
15	RXFFOVF	0	0 接收 FIFO 未溢出，只读位 1 接收 FIFO 已溢出，只读位，大于 16 位的数据接收到 FIFO，且先接收的数据丢失
14	SRXFFOVE CLR	0	0 写 0，对 RDFFOVF 标志位无影响，读返回 0 1 写 1，清除 RXFFOVF 标志的第 15 位
13	RXFIFO Reset	1	0 写 0，复位 FIFO 指针为 0，且保持复位状态 1 重新使能发送 FIFO 操作
12~8	RXFFST4~0	00000	00000 接收 FIFO 是空的；00001 接收 FIFO 1 个字节 00010 接收 FIFO 2 个字节；00011 接收 FIFO 3 个字节 ⋮ 10000 接收 FIFO 16 个字节
7	RXFFINT	0	0 TX FIFO 是未发生的中断，只读位 1 TX FIFO 是已发生的中断，只读位
6	RXFFINT CLR	0	0 写 0 对 RXFIFINT 标志位无影响，读返回 0 1 写 1 清除 RXFFINT 标志的第 7 位
5	RXFFIENA	0	0 基于 RXFFIVL 匹配的 RX FIFO 中断将禁止 1 基于 RXFFIVL 匹配的 RX FIFO 中断将使能
4~0	RXFFIL4~0	11111	接收 FIFO 中断级别位。当 FIFO 状态位（RXFFST4~0）和 FIFO（RXFFIL4~0）级别位匹配（少于或等于）时，将产生中断。这将避免贫乏的中断，复位后 FIFO 大多数时间是空的

6.1.6.11 SPIFFCT 寄存器

图 6.19 给出了 SPIFFCT 寄存器的各位分配情况，表 6.16 给出了各位的定义。

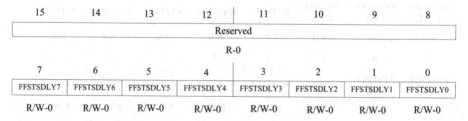

15	14	13	12	11	10	9	8
Reserved							
R-0							

7	6	5	4	3	2	1	0
FFSTSDLY7	FFSTSDLY6	FFSTSDLY5	FFSTSDLY4	FFSTSDLY3	FFSTSDLY2	FFSTSDLY1	FFSTSDLY0
R/W-0	R/W-0	R/W-0	R/W-0	R/W-0	R/W-0	R/W-0	R/W-0

图 6.19 SPIFFCT 寄存器

表 6.16 SPIFFCT 寄存器功能定义

位	名称	复位值	功能描述
15~8	Reserved	0	保留
7~0	FFTXDLY7~0	0x0000	FIFO 发送延迟位 这些位决定了每一个从 FIFO 发送缓冲器到发送移位寄存器的延迟，这个延迟取决于 SPI 串行时钟周期的数量，该 8 位寄存器可以定义一个最小 0 串行时钟周期的延迟和一个最大 25 串行时钟周期的延迟 在 FIFO 模式下，仅仅在移位寄存器完成了最后一位后，加载移位寄存器和 FIFO 直接的缓冲器（TXBUF）。这要求在发送器和数据之间传递延迟，在 FIFO 模式下，不应该将 TXBUF 作为一个附加的缓冲器来对待

6.1.6.12 SPI 优先级控制寄存器（SPISSPRI）

图 6.20 给出了 SPI 优先级控制寄存器的各位分配情况，表 6.17 给出了各位的定义。

SPI 优先级控制寄存器（SPIPRI）的地址为 704FH。

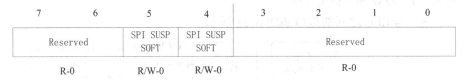

7	6	5	4	3	2	1	0
Reserved		SPI SUSP SOFT	SPI SUSP SOFT	Reserved			
R-0		R/W-0	R/W-0	R-0			

图 6.20 优先级控制寄存器

表 6.17 优先级控制寄存器的功能定义

位	名称	功能描述
7, 6	Reserved	保留
5, 4	SPI SUSP SOFT SPI SUSP SOFT	这两位决定了在一个仿真悬空产生时（例如，当调节器遇到一个新断点时）会发生什么事件，无论外设处于什么状态（自由运行模式），它都能够继续运行；如果出入停止模式，它也能立即停止，或在完成当前操作（当前的接收/发送序列）时停止 位5　位4 Soft　Free 0　1一旦置位了 TSPEND，位流发送一半后停止。如果 TSUSPEND 在系统复位是没有置位，将从 DDATBUF 中剩余的位开始移位 1　0标准 SPI 模式：在移位寄存器和缓冲器发送数据后停止，也就是 TXBUF 和 SPIDAT 后是空的。在 FIFO 模式下：在移位寄存器和缓冲器发送数据后停止，也就是在 TXBUF 和 SPIDAT 后是空的 x　1自由运行，除非悬空将继续 SPI 操作
3~0	保留	保留

6.2 TMS320F2812 串行通信接口

6.2.1 概述

串行通信接口（SCI）是采用双线通信的异步串行通信接口，即通常所说的 UART 口。为减少串口通信时 CPU 的开销，F2812 的串口支持 16 级接收和发送 FIFO。SCI 模块采用标准非归 0（NRZ）数据格式，可以与 CPU 或其他通信数据格式兼容的异步外设进行数字通信。当不使用 FIFO 时，SCI 接收器和发送器采用双级缓冲传送数据，SCI 接收器和发送器有自己的独立使能和中断位，可以独立地操作，在全双工模式下也可以同时操作。

为保证数据完整，SCI 模块对接收到的数据进行间断、极性、超限和帧错误检测。通过对 16 位的波特率控制寄存器进行编程，配置不同的 SCI 通信速率。

6.2.1.1 增强 SCI 模块概述

SCI 与 CPU 之间的接口如图 6.21 所示。

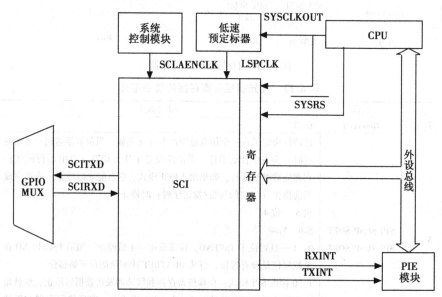

图 6.21 SCI 同 CPU 之间的接口

SCI 通信接口主要特点如下。

●两个外部引脚：

◆ SCITXD：SCI 数据发送引脚；

◆ SCIRXD：SCI 数据接收引脚。

两个引脚为多功能复用引脚，可以用作通用数字量 I/O。

● 64K 种通信速率。

● 数据格式：

◆一个启动位；

◆可编程 1~8 位的数据字长度；

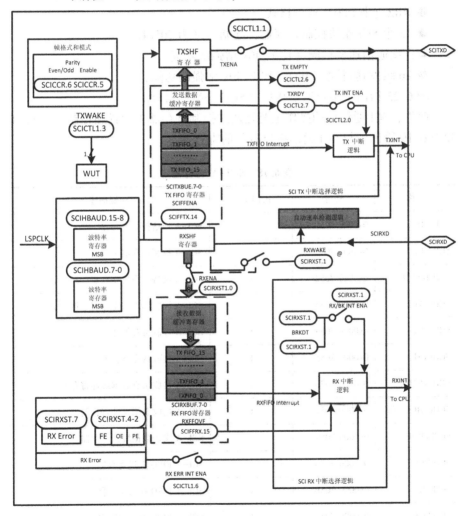

图 6.22　串行通信接口（SCI）模块方框图

◆可选择的奇/偶或无校验位模式；

◆一个或两个停止位。

●4个错误检测标志位：奇偶错误、超时错误、帧错误或间断检测。

●两种多处理器唤醒方式：空闲线唤醒或地址位唤醒。

●全/半双工通信。

●双缓冲接收和发送功能。

●发送和接收可以采用中断和查询两种方式。

●独立的发送和接收中断使能控制（BRKDT 除外）。

● NRZ（非归0）通信格式。

● 13 个 SCI 模块控制寄存器，起始地址为 7050H。

●自动通信速率检测（比 F240x 增强的功能）。

● 16 级发送/接收 FIFO（比 F240x 增强的功能）。

图 6.22 给出了串行通信接口（SCI）模块方框图。

此外，SCI 通信口的操作主要是通过控制寄存器来配置和控制，表 6.18 和表 6.19 给出了与 SCI 通信接口有关的寄存器。

表 6.18 SCI-A 寄存器

名称	地址	占用空间	功能描述
SCICCR	0x0000 7050	1	SCI-A 通信控制寄存器
SCICTL1	0x0000 7051	1	SCI-A 控制寄存器 1
SCIHBAUD	0x0000 7052	1	SCI-A 波特率设置寄存器　高字节
SCILBAUD	0x0000 7053	1	SCI-A 波特率设置寄存器　低字节
SCICTL2	0x0000 7054	1	SCI-A 控制寄存器 2
SCIRXST	0x0000 7055	1	SCI-A 接收状态寄存器
SCIRXEMU	0x0000 7056	1	SCI-A 接收仿真数据缓冲寄存器
SCIRXBUF	0x0000 7057	1	SCI-A 接收数据缓冲寄存器
SCITXBUF	0x0000 7059	1	SCI-A 发送数据缓冲寄存器
SCIFFTX	0x0000 705A	1	SCI-A FIFO 发送寄存器
SCIFFRX	0x0000 705B	1	SCI-A FIFO 接收寄存器
SCIFFCT	0x0000 705C	1	SCI-A FIFO 控制寄存器
SCIPRI	0x0000 705F	1	SCI-A 极性控制寄存器

表 6.19 SCI-B 寄存器

名称	地址	占用空间	功能描述
SCICCR	0x0000 7750	1	SCI-B 通信控制寄存器
SCICTL1	0x0000 7751	1	SCI-B 控制寄存器 1
SCIHBAUD	0x0000 7752	1	SCI-B 波特率设置寄存器 高字节
SCILBAUD	0x0000 7753	1	SCI-B 波特率设置寄存器 低字节
SCICTL2	0x0000 7754	1	SCI-B 控制寄存器 2
SCIRXST	0x0000 7755	1	SCI-B 接收状态寄存器
SCIRXEMU	0x0000 7756	1	SCI-B 接收仿真数据缓冲寄存器
SCIRXBUF	0x0000 7757	1	SCI-B 接收数据缓冲寄存器
SCITXBUF	0x0000 7759	1	SCI-B 发送数据缓冲寄存器
SCIFFTX	0x0000 775A	1	SCI-B FIFO 发送寄存器
SCIFFRX	0x0000 775B	1	SCI-B FIFO 接收寄存器
SCIFFCT	0x0000 775C	1	SCI-B FIFO 控制寄存器
SCIPRI	0x0000 775F	1	SCI-B 极性控制寄存器

注：（1）寄存器映射到外设框架 2，这个框架只允许 16 位的访问，如果使用 32 位访问，将产生不确定的结果；

（2）SCIB 是一个可选择的外设，在一些芯片中不使用。

6.2.1.2 SCI 结构特点

图 6.23 给出了 SCI 采用全双工通信模式的主要功能单元，具体包括以下功能单元。

●一个发送器（TX）及相关寄存器。

◆ SCITXBUF：发送数据缓冲寄存器，存放要发送的数据（由 CPU 装载）；

◆ TXSHF 寄存器：发送移位寄存器，从 SCITXBUF 寄存器接收数据，并将数据移位到 SCITXD 引脚上，每次移一位数据。

●一个接收器（RX）及相关寄存器。

◆ RXSHF 寄存器：接收移位寄存器，从 SCIRXD 引脚移入数据，每次移一位；

◆ SCIRXBUF：接收数据缓冲寄存器，存放 CPU 要读取的数据。来自远程处理器的数据装入寄存器 RXSHF，然后又装入寄存器 SCIRXBUF 和寄存器 SCIRXEMU 中。

●一个可编程的波特率产生器。

SCI 接口的接收和发送通道可以独立工作，也可以同时工作。

（1）SCI 相关信号。

SCI 信号描述如表 6.20 所示。

表 6.20 SCI 信号描述

信号名称	描述
外部信号	
RXD	SCI 异步串行数据接收信号
TXD	SCI 异步串行数据发送信号
控制信号	
通信速率时钟	低速外设定标时钟
中断信号	
TXINT	发送中断
RXINT	接收中断

（2）多处理器异步通信模式。

SCI 模块支持多处理器通信，有两种通信协议：空闲线多处理器模式和地址位多处理器模式，这两种协议允许在多处理器间进行有效的数据传送。同时，SCI 还提供了通用异步接收/发送（UART）通信模式，能够与多种带有标准串口的外设进行通信。SCI 模块的数据发送特征如下：

● 1 位启动位；

● 1~8 位数据位；

● 1 位奇/偶校验位或无奇/偶校验位；

● 1 或 2 位停止位。

（3）SCI 可编程数据格式。

SCI 的接收和发送数据都采用非归零数据格式具体包括：

● 1 位启动位；

● 1~8 位数据位；

● 1 位奇/偶校验位（可选择）；

● 1 或 2 位停止位；

● 区分数据和地址的附加位（仅在地址位模式存在）。

数据的基本单元称为字符，它有 1~8 位长。每个字符包含：1 位启动位，1 或 2 位停止位，可选择的奇偶校验位和地址位。在 SCI 通信中，带有格式信息的数据字符叫一帧，如图 6.23 所示。

可以使用 SCICCR 寄存器配置 SCI 通信采用的数据格式，表 6.21 描述

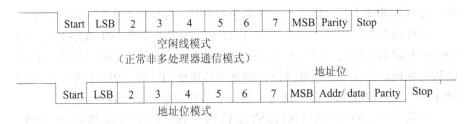

| Start | LSB | 2 | 3 | 4 | 5 | 6 | 7 | MSB | Parity | Stop |

空闲线模式
（正常非多处理器通信模式）

地址位

| Start | LSB | 2 | 3 | 4 | 5 | 6 | 7 | MSB | Addr/ data | Parity | Stop |

地址位模式

图 6.23 典型 SCI 数据帧格式

了控制寄存器各位功能的定义。

表 6.21 SCICCR 寄存器功能定义

位	名称	寄存器名称	功能描述
7	STOP BITS	SCICCR	确定发送停止位 一位停止位 两位停止位
6	EVEN/ODD PARITY	SCICCR	如果使能奇偶校验位 选择偶校验位 选择奇校验位
5	PARITY ENABLE	SCICCR	如果置 1，使能奇偶校验位 如果置 0，禁止奇偶校验位
4	LOOP BACK	SCICCR	自测试模式使能位 0 自测试模式禁止 1 自测试模式使能
3	ADDR/IDLE	SCICCR	SCI 多处理模式控制位 0 空闲位模式协议选择 1 地址位模式协议选择
2～0	SCI CHAR2～0	SCICCR	选择字符（数据）长度（1～8 位）

（4）SCI 多处理器通信。

同一条串行连接线上，多处理器通信模式允许一个处理器向串行线上其他处理器发送数据。但是一条串行线上，每次只能实现一次数据传送，也就是在一条串行线上一次只能有一个节点发送数据。

①地址字节。发送节点（Talker）发送信息的第一个字节是一个地址字节，所有接收节点（Listener）都读取该地址字节。只有接收数据的地址字节与接收节点的地址字相符时，才能中断接收节点。如果接收节点的地址和

接收数据的地址不符，接收节点将不会被中断，等待接收下一个地址字节。

②SLEEP 位。连接到串行总线上的所有处理器都将 SCI SLEEP 位置 1（SCICTL 的第 2 位），这样只有检测到地址字节后才会被中断。处理器读到的数据块地址与用户应用软件设置的处理器地址相符时，用户程序必须清除SWP 位，使 SCI 能够在接收到每个数据字节时产生一个中断。

尽管当 SLEEP 位置 1 时接收器仍然工作，但它并不能将 RXRDY，RXINT 或任何接收器错误状态位置 1，除非检测到地址位且接收的帧地址位是 1 时才能将这些位置 1。SCI 本身并不能改变 SLEEP 位，必须由用户软件改变。

③识别地址位。处理器根据所使用的多处理器模式（空闲线模式或地址位模式），采用不同的方式识别地址字节。例如：

●空闲模式在地址字节前预留一个静态空间，该模式没有额外的地址/数据位。它在处理包含 10 个以上字节的数据块，传输方面比地址位模式效率高。空闲线模式一般用于非多处理器的 SCI 通信中。

●地址位模式在每个字节中加入一个附加位（也就是地址位）。由于这种模式数据块之间不需要等待，因此在处理小块数据时比空闲线模式效率更高。

④控制 SCITX 和 RX 的特性。用户可以使用软件通过 ADDR/IDLE MODE 位（SCICCR，位 3）选择多处理器模式。两种模式都使用 TXWAKE（SCICL1，位 3）、RXWAKE（SCIRXST，位 1）和 SLEEP 标志位（SCICTL1，位 2）控制 SCI 的发送器和接收器的特性。

⑤接收步骤。在两种多处理器模式中，接收步骤如下：

a. 在接收地址块时，SCI 端口唤醒并申请中断（必须使能 SCICIL2 的RX/BKINTENA 位申请中断），读取地址块的第一帧，该帧包含目的处理器的地址。

b. 通过中断和检查接收的地址启动软件历程，然后比较内存中存放的器件地址和接收到数据的地址字节。

c. 如果上述地址相吻合，表明地址块与 DSP 的地址相符，则 CPU 清除SLEEP 位并读取块中剩余的数据；否则，退出软件子程序并保持 SLEEP 置位，直到下一个地址的开始才接收中断。

（5）空闲线多处理器模式。

在空闲线多处理器协议中（ADDR/IDLE MODE 位为 0），数据块被各数据块间的空闲时间分开，该空闲时间比块中数据帧之间的空闲时间要长。一帧后的空闲时间（10 个或更多个高电平位）表明新块的开始，每位的时间可直接由波特率的值（位每秒）计算，空闲线多处理器通信格式如图 6.24 所示。

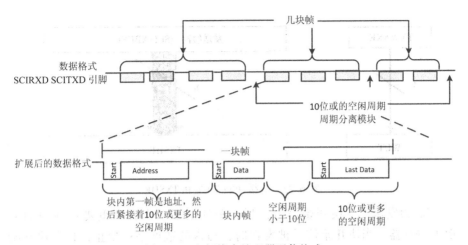

图 6.24 空闲线多处理器通信格式

①空闲线模式操作步骤。

a. 接收到块起始信号后，SCI 被唤醒。

b. 处理器识别下一个 SCI 中断。

c. 中断服务子程序将接收到的地址与接收节点的地址进行比较。

d. 如果 CPU 的地址与接收到的地址相符，则中断服务子程序清除 SLEEP 位，并接收块中剩余的数据。

e. 如果 CPU 的地址与接收到的地址不符，则 SLEEP 位仍保持在置位状态，直到检测到下一个数据块的开始，否则 CPU 都不会被 SCI 端口中断，继续执行主程序。

②块起始信号。有两种方法发送块的开始信号。

方法 1：特意在前后两个数据块之间增加 10 位或更多位的空闲时间。

方法 2：在写 SCITXBUP 寄存器之前，SCI 口首先将 TXWAKE 位（SCICT-LI，位 3）置 1，这样就会自动发送 11 位的空闲时间。在这种模式中，除非必要，否则串行通信线不会空闲。在设置 TXWAKE 后发送地址数据前，要向 SCITXBUF 写入一个无关的数据，以保障能够发送空闲时间。

③唤醒暂时（WUT）标志。与 TXWAKE 位相关的是唤醒暂时（WUT）标志位，这是一个内部标志，与 TXWAKE 构成双缓冲。当 TXSHF 从 SCITX-BUF 装载时，WUF 从 TXWAKE 装入，TXWAKE 被清零。如图 6.25 所示。

④块的发送开始信号。在块传送过程中需要采用下列步骤发送块开始信号。

a. 写 1 到 TXWAKE 位。

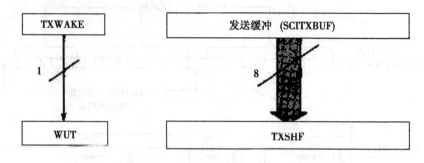

图 6.25 双缓冲的 WUT 和 TXSHF

b. 为发送一个块开始信号，写一个数据字（内容不重要）到 SCITX-BUF 寄存器。当块开始信号被发送时，写入的数据字被禁止，且在块开始信号发送后被忽略。当 TXSHF（发送移位寄存器）再次空闲后，SCITXBUF 寄存器的内容被移位到 TXSHF 寄存器，TXWAKE 的值被移位到 WUT 中，然后 TXWAKE 被清除。

由于 TXWAKE 被置 1，在前一帧发送完停止位后，起始位、数据位和奇偶校验位被发送的 11 位空闲位取代。

c. 写一个新的地址值到 SCITXBUF 寄存器中。

在传送开始信号时，必须先将一个无关数据写入 SCITXBUF 寄存器，从而使 TXWAKE 位的值能被移位到 WUT 中。由于 TXSHF 和 WUT 都是双级缓冲，在无关数据字被移位到 TXSHF 寄存器后，才能再次将数据写入 SCITX-BUF。

⑤接收器操作。接收器的操作与 SLEEP 位无关，然而在检测到一个地址帧之前，接收器并不对 RXRDY 位和错误状态位置位，也不申请接收中断。

（6）地址位多处理器模式。

在地址位多处理器协议中（ADDR/IDLE MODE），最后一个数据位后有一个附加位、称之为地址位。数据块的第一帧的地址位设置为 1，而其他帧的地址位设置为 0。地址位多处理器模式的数据传输与数据块之间的空闲周期无关，如图 6.26 所示。

下面简单介绍地址的发送。

TXWAKE 位的值被放置到地址位，在发送期间，当 SCITXBUF 寄存器和 TXWAKE 分别装载到 TXSHF 寄存器和 WUT 中时，TXWAKE 被清零，且 WUT 的值为当前帧的地址位的值。因此，发送一个地址需要完成下列操作：

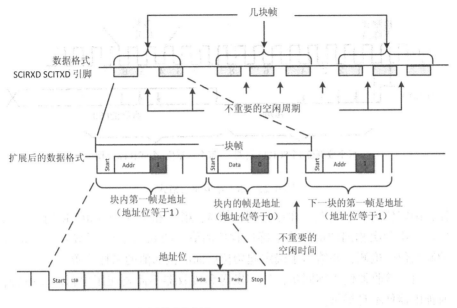

图 6.26 地址位多处理器通信格式

　　a. TXWAKE 位置 1，写适当的地址值到 SCITXBUF 寄存器。当地址值被送到 TXSHF 寄存器又被移出时，地址位的值被作为 1 发送。这样串行总线上其他处理器就读取这个地址。

　　b. TXSHF 和 WUT 加载后，向 SCITXBUF 和 TXWAKE 写入值（由于 TX-SHF 和 WUT 是双缓冲的，因此它们能被立即写入）。

　　c. TXWAKE 位保持 0，发送块中无地址的数据帧。

　　注：一般情况下，地址位格式应用于 11 个或更少字节的数据帧传输。这种格式在所有发送的数据字节中增加了一位（1 代表地址帧，0 代表数据帧），通常 12 个或更多字节的数据帧传输使用空闲线格式。

　　（7）SCI 通信格式。

　　SCI 异步通信采用半双工或全双工通信方式。SCI 的数据帧包括一个起始位、1~8 位的数据位、一个可选的奇偶校验位和 1~2 个停止位，如图 6.27 所示。每个数据位占用 8 个 SCICLK 时钟周期。

　　接收器在收到一个起始位后开始工作，4 个连续 SCICLK 周期的低电平表示有效的起始位，如图 6.27 所示。如果没有连续 4 个 SCICLK 周期的低电平，则处理器重新寻找另一个起始位。

　　对于 SCI 的数据帧的起始位后面的位，处理器在每位的中间进行 3 次采

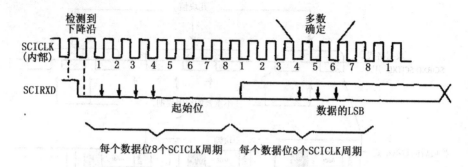

图 6.27　SCI 异步通信格式

样，确定位的值。三次采样点分别在第 4、第 5 和第 6 个 SCICLK 周期，三次采样中两次相同的值即为最终接收位的值。图 6.27 给出了异步通信格式的起始位的检测，并给出了确定起始位后面的位的值的采样位置。

由于接收器使用帧同步，外部发送和接收器不需要使用串行同步时钟，时钟由器件本身提供。

①通信模式中的接收器信号。图 6.28 描述了假设满足下列条件时，接收器信号时序的一个例子。

●地址位唤醒模式（地址位不出现在空闲模式中）。

●每个字符有 6 位数据。

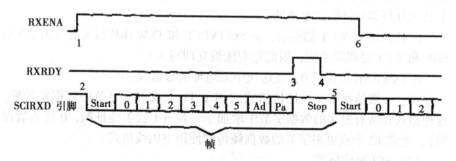

图 6.28　串行通信模式中的 SCIRX 信号

注：

a. 标志位 RXENA（SCICTL1，位 0）变为高，使能接收器接收数据。

b. 数据到达 SCIRXD 引脚后，检测起始位。

c. 数据从 RXSHF 寄存器移位到接收缓冲寄存器（SCIRXBUF），产生一个中断申请，标志位 RXRDY（SCIRXST，位 6）变高表示已接收到一个新字符。

d. 程序读 SCIRXBUF 寄存器，标志位 RXRDY 自动被清除。

e. 数据的下一个字节到达 SCIRXD 引脚时，检测启动位，然后清除。

f. 位 RXENA 变为低，禁止接收器接收数据。继续向 RXSHF 装载数据，但不移入到接收缓冲器。

②通信模式中的发送器信号。图 6.29 描述了假设满足下列条件时，发送器信号时序的一个例子。

●地址位唤醒模式（地址位不出现在空闲模式中）。

●每个字符有 3 位数据。

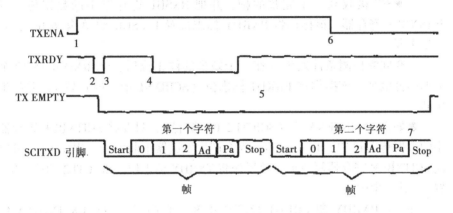

图 6.29 通信模式中 SCITX 信号

注：

a. 位 TXENA（SCICTLI，位 1）变高，使能发送器发送数据；

b. 写数据到 SCITXBUF 寄存器，从而发送器不再为空，TXRDY 变低；

c. SCI 发送数据到移位寄存器（TXSHF），发送器准备传送第二个字符（TXRDY 变高），并发出中断请求（为使能中断，位 TXINTENA-SCICTL2 中的第零位必须置 1）；

d. 在 TCRDY 变高后，程序写第二个字符到 SCITXBUF 寄存器（在第二个字节写入到 SCITXBUF 后 TXRDY 又变低）；

e. 发送完第一个字符，开始将第二个字符移位到寄存器 TXSHF；

f. 位 TXENA 变低，禁止发送器发送数据，SCI 结束当前字符发送；

g. 第二个字符发送完成，发送器变空，准备发送下一个字符。

（8）SCI 中断。

在 SCI 通信中可以使用中断控制接收器和发送器的操作，SCICTL2 寄存器有一个标志位（TXRDY），用来指示有效的中断条件，SCIRXST 寄存器有两个中断标志位 RXRDY 和 BRKDT），此外还有 RX ERROR 中断标志位，该中断标志是 FE，OE 和 PE 条件的逻辑或。发送器和接收器有独立的中断使能位，当中断使能位被屏蔽时，将不会产生中断，但条件标志位仍保持有效，这反映了发送和接收状态。

SCI 有独立的接收器和发送器中断向量，同时也可以设置发送器和接收器中断的优先级。当 RX 和 TX 中断申请设置相同的优先级时，接收器总是比发送器具有更高的优先级，这样可以减少接收超时错误。

● 如果 RX/BK INTENA 位（SCICTL2 的第 1 位）被置 1，当发生下列情况之一时就会产生接收器中断申请：

◆ SCI 接收到一个完整的帧，并把 RXSHF 寄存器中的数据传送到 SCIRXBUF 寄存器。该操作将 RXRDY 标志位置 1（SCIRXT 的第 6 位），并产生中断。

◆ 间断检测条件发生（在一个缺少的停止位后，SCIRXD 保持 10 个周期的低电平。该操作将 BRKDT 标志位（SCIRXST 第 5 位）置 1，并产生中断。

● 如果 TX INTENA 位（SCICTL2.0）被置 1，只要将 SCITXBUF 寄存器中的数据传送到 TXSHF 寄存器，就会产生发送器中断申请，表示 CPU 可以向 SCITXBUF 寄存器写数据。该操作将 TXRDY 标志位（SCICTL2 的第 7 位）置 1，并产生中断。

注意：RXRDY 和 BRKDT 位产生中断，它们又受 RX/BK INTENA 位（SCICTL2，位 1）的控制。RX ERROR 位产生中断，受 RX ERR INT ENA 位（SCICTL1，位 6）的控制。

（9）SCI 波特率计算。

内部产生的串行时钟由低速外设时钟 LSPCLK 频率和波特率选择寄存器确定。在器件时钟频率确定的情况下，SCI 使用 16 位的波特率选择寄存器设置 SCI 的波特率，因此 SCI 可以采用 64K 种不同的波特率进行通信，不同配置时的波特率选择如表 6.22 所示。SCI 波特率由下列公式计算：

$$SCI = \frac{LSPCLK}{(BRR+1) \times 8}$$

因此

$$BRR = \frac{LSPCLK}{SCI \times 8} - 1$$

注意上述公式只有在 $1 \leqslant BRR \leqslant 65535$ 时成立，如果 BRR = 0，则

$$SCI = \frac{LSPCLK}{16}$$

其中，BRR 的值是 16 位波特率选择寄存器内的值。

表 6.22　SCI 的波特率选择

理想的波特率	LSPCLK 时钟频率 37.5MHz		
	BRR	实际波特率	错误百分比/%
2400	1952（7A0H）	2400	0
4800	976（3D0H）	4798	−0.04
9600	487（1E7H）	9606	−0.06
19200	243（00F3H）	19211	0.06
38400	121（0079H）	38422	0.06

（10）SCI 增强特征。

TMS320F2812 的 SCI 串口支持自动波特率检测和发送/接收 FIFO 操作。

①SCI FIFO 描述。下面介绍 FIFO 特征和使用 FIFO 时 SCI 的编程。

●复位：在上电复位时，SCI 工作在标准 SCI 模式，禁止 FIFO 功能。FIFO 的寄存器 SCIFFTX，SCIFFRX 和 SCIFFCT 都被禁止。

●标准 SCI：标准 F24x SCI 模式，TXINT/RXINT 中断作为 SCI 的中断源。

● FIFO 使能：通过将 SCIFFTX 寄存器中的 SCIFFEN 位置 1，使能 FIFO 模式。在任何操作状态下 SCIRST 都可以复位 FIFO 模式。

●寄存器有效：所有 SCI 寄存器和 SCI FIFO 寄存器（SCIFFIX，SCIFFRX 和 SCIFFCT）有效。

●中断：FIFO 模式有两个中断，一个是发送 FIFO 中断 TXINT，另一个是接收 FIFO 中断 RXINT。FIFO 接收、接收错误和接收 FIFO 溢出共用 RXINT 中断。标准 SCI 的 TXINT 将被禁止，该中断将作为 SCI 发送 FIFO 中断使用。

●缓冲：发送和接收缓冲器增加了两个 16 级的 FIFO。发送 FIFO 寄存器是 8 位宽，接收 FIFO 寄存器是 10 位宽。标准 SCI 的一个字的发送缓冲器作为发送 FIFO 和移位寄存器间的发送缓冲器。只有移位寄存器的最后一位被移出后，一个字的发送缓冲才从发送 FIFO 装载。在位是使能 FIFO 后，经过一个可选择的延迟（SCIFFCT），IXSHF 被直接装载而不使用 TXBUF。

●延迟的发送：FIFO 中的数据传送到发送移位寄存器的速率是可编程的，可以通过 SCIFFCT 寄存器的位 FFTXDLY（7~0）设置发送数据间的延迟。FFDOTXDLY（7~0）确定延迟的 SCI 波特率时钟周期数，8 位寄存器可以定义 0 个波特率时钟周期的最小延迟到 256 个波特率时钟周期的最大延迟。当使用 0 延迟时，SCI 模块的 FIFO 数据移出时数据间没有延迟，一位紧接一位地从 FIFO 移出，实现数据的连续发送。当选择 256 个波特率时钟的延迟时，SCI 模块工作在最大延迟模式，FIFO 移出的每个数据字之间有256 个波特率时钟的延迟。在慢速 SCI/UART 的通信时，可编程延迟可以减少 CPU 对 SCI 通信的开销。

● FIFO 状态位：发送和接收 FIFO 都有状态位 TXFFST 或 RXFFST（位12~0），这些状态位显示当前 FIFO 内有用数据的个数。当发送 FIFO 复位位TXFIFO 和接收复位位 RXFIFO 将 FIFO 指针复位为 0 时，状态位清零。一旦这些位被设置为 1，则 FIFO 从开始运行。

●可编程的中断级：发送和接收 FIFO 都能产生 CPU 中断，只要发送FIFO 状态位 TXFFST（位 12~8）与中断触发优先级位 IXFFIL（位 4~0）相匹配，就能产生一个中断触发，从而为 SCI 的发送和接收提供了一个可编程的中断触发逻辑。接收 FIFO 的默认触发优先级为 0x11111，发送 FIFO 的默认触发优先级为 0x00000。图 6.30 和表 6.23 给出了在 FIFO 或非 FIFO 模式下 SCI 中断的操作和配置。

表 6.23 SCI 中断标志位

FIFO 选项	SCI 中断源	中断标志	中断使能	FIFO 使能SCIFFENA	中断线
SCI 不使用 FIFO	接收错误	RXERR	RXERRINTENA	0	RXINT
	接收中止	BRKDT	RX/BKINTENA	0	RXINT
	数据接收	RXRDY	RX/BKINTENA	0	RXINT
	发送空	TXRDY	TXINTENA	0	TXINT
SCI 使用 FIFO	接受错误和接收中止	RXERR	RXERRINTENA	1	RXINT
	FIFO 接收	RXFFIL	RXFFIENA	1	RXINT
	发送空	TXFFIL	TXFFIENA	1	TXINT
自动波特率	自动波特率检测	ABD	无关	X	TXINT

注：（1）RXERR 能由 BRKDT、FE、OE 和 PE 标志位置位。在 FIFO 模式下，BRKDT 中断仅仅通过RXERR 标志位产生。

（2）FIFO 模式，在延迟后，TXSHF 被直接装入，不使用 TXBUF。

②SCI 自动波特率。大多数 SCI 模块硬件不支持自动波特率检测。一般情况下，嵌入式控制器的 SCI 时钟由 PLL 提供，系统工作后往往会改变 PLL复位时的状态，这样很难支持自动波特率检测功能。而在 TMS320F2812 处

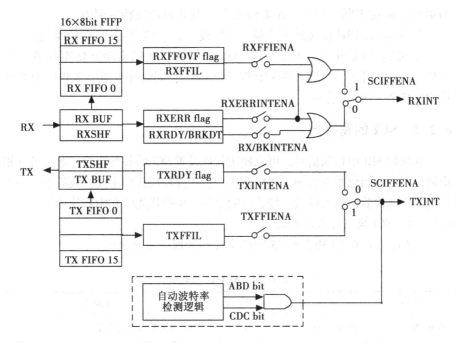

图 6.30 SCIFIFO 中断标志和使能逻辑位

理器上，增强功能的 SCI 模块硬件支持自动波特率检测逻辑。寄存器 SCIFF-CT 位 ABD 和 CDC 位控制自动波特率逻辑，位能 SCIRST 位使自动波特率逻辑工作。

当 CDC 为 1 时，如果 ABD 也置位，表示自动波特率检测开始工作，就会产生 SCI 发送 FIFO 中断（FIFO），同时在中断服务程序中必须使用软件将 CDC 位清零；否则，如果中断服务程序执行完 CDC 仍然为 1，则以后不会产生中断。具体操作步骤如下。

步骤 1：将 SCIFFCT 中的 CDC 位（位 13）置位，清除 ABD 位（位 15），位能 SCI 的自动波特率检测模式。

步骤 2：初始化波特率寄存器为 1 或限制在 500Kbps 内。

步骤 3：允许 SCI 以期望的波特率从一个主机接收字符 "A" 或字符 "a"。如果第一个字符是 "A" 或 "a"，则说明自动波特率检测硬件已经检测到 SCI 通信的波特率，然后将 ABD 位置 1。

步骤 4：自动检测硬件将用检测到的波特率的十六进制值刷新波特率寄存器的值，这个刷新逻辑器也会产生一个 CPU 中断。

步骤 5：通过向 SCIFFCT 寄存器的 ABD CLR 位（位 13）写入 1，清除

ADB 位，响应中断。写 0，清除 CDC 位，禁止自动波特率逻辑。

步骤 6：读到接收缓冲为字符 "A" 或 "a"，清空缓冲和缓冲状态位。

步骤 7：当 CDC 为 1 时，如果 ABD，也置位表示自动波特率检测开始工作，就会产生 SCI 发送 FIFO 中断（TXINT），同时在中断服务程序中必须使用软件将 CDC 位清 0。

6.2.2 SCI 的寄存器

在使用 SCI 串口通信时，可以使用软件设置 SCI 的各种功能。通过设置相应的控制位初始化所需的 SCI 通信格式，包括操作模式和协议、波特率、字符长度、奇偶检验位或无校验、停止位的个数、中断优先级和中断使能等。

6.2.2.1 SCI 模块寄存器概述

SCI 通过表 6.24 和表 6.25 中的寄存器实现控制和访问。

表 6.24 SCI-A 寄存器

名称	地址	占用空间	功能描述
SCICCR	0x0000 7050	1	SCI-A 通信控制寄存器
SCICTL1	0x0000 7051	1	SCI-A 控制寄存器 1
SCIHBAUD	0x0000 7052	1	SCI-A 波特率设置寄存器 高字节
SCILBAUD	0x0000 7053	1	SCI-A 波特率设置寄存器 低字节
SCICTL2	0x0000 7054	1	SCI-A 控制寄存器 2
SCIRXST	0x0000 7055	1	SCI-A 接收状态寄存器
SCIRXEMU	0x0000 7056	1	SCI-A 接收仿真数据缓冲寄存器
SCIRXBUF	0x0000 7057	1	SCI-A 接收数据缓冲寄存器
SCITXBUF	0x0000 7059	1	SCI-A 发送数据缓冲寄存器
SCIFFTX	0x0000 705A	1	SCI-A FIFO 发送寄存器
SCIFFRX	0x0000 705B	1	SCI-A FIFO 接收寄存器
SCIFFCT	0x0000 705C	1	SCI-A FIFO 控制寄存器
SCIPRI	0x0000 705F	1	SCI-A 极性控制寄存器

表 6.25　SCI-B 寄存器

名称	地址	占用空间	功能描述
SCICCR	0x0000 7750	1	SCI-B 通信控制寄存器
SCICTL1	0x0000 7751	1	SCI-B 控制寄存器 1
SCIHBAUD	0x0000 7752	1	SCI-B 波特率设置寄存器　高字节
SCILBAUD	0x0000 7753	1	SCI-B 波特率设置寄存器　低字节
SCICTL2	0x0000 7754	1	SCI-B 控制寄存器 2
SCIRXST	0x0000 7755	1	SCI-B 接收状态寄存器
SCIRXEMU	0x0000 7756	1	SCI-B 接收仿真数据缓冲寄存器
SCIRXBUF	0x0000 7757	1	SCI-B 接收数据缓冲寄存器
SCITXBUF	0x0000 7759	1	SCI-B 发送数据缓冲寄存器
SCIFFTX	0x0000 775A	1	SCI-B FIFO 发送寄存器
SCIFFRX	0x0000 775B	1	SCI-B FIFO 接收寄存器
SCIFFCT	0x0000 775C	1	SCI-B FIFO 控制寄存器
SCIPRI	0x0000 775F	1	SCI-B 极性控制寄存器

6.2.2.2　SCI 通信控制寄存器（SCICCR）

SCICCR 定义了 SCI 使用的字符格式、协议和通信模式，如图 6.31 和表 6.26 所示。SCI 通信控制寄存器（SCICCR）的地址为 7050H。

表 6.26　SCI 通信控制寄存器（SCICCR）功能描述

位	名称	功能描述
7	STOP BITS	SCI 停止位的个数 该位决定了发送的停止位的个数。接收器仅对一个停止位检查 0 一个停止位　　　　1 两个停止位
6	PARITY	奇偶校验选择位 如果 PARITY ENABLE 位（SCICCR，位引 5）被置位，则 PARITY（位 6）确定采用奇校脸还是偶校验（在发送和接收的字符中奇偶校验位的位数都是 1 位） 0 奇校验　　　　1 偶校验

续表

位	名称	功能描述
5	PARITY ENABLE	SCI 奇偶校验使能位 该位使能或禁止奇偶校验功能。如果 SCI 处于地址位多处理器模式（设置这个寄存器的第三位），地址位包含在奇偶校验计算中（如果奇偶校验是使能的）。对于少于 8 位的字符，剩余无用的位由于没有奇偶校验计算而应被屏蔽 0 奇偶校验禁止，在发送期间没有奇偶位产生或在接收期间不检查奇偶校验位 1 奇偶校验使能
4	LOOPBACK ENA	自测试模式使能位 该位使能自测试模式，这时发送引脚与接收引脚在系统内部连接在一起 0 自测试模式禁止　　　　1 自测试模式使能
3	ADDR/DLE MODE	SCI 多处理模式控制位 该位选择一种多处理器协议。由于使用了 SLEEP 和 TXWAKE 功能（分别是 SCICTL 的位 2 和 SCICTL1 的位 3），多处理器通信与其他的通信模式有所不同。由于地址位模式在帧中增加了一个附加位，空闲线模式通常用于正常通信。空闲线模式没有增加这个附加位，与典型的 RS232 通信兼容 0 空闲位模式协议选择　　　　1 地址位模式协议选择
2~0	SCICHAR2~0	字符长度控制位 2~0 这些位选择了 SCI 的字符长度（从 1~8 位）。少于 8 位的字符在 SCIRXBUF 和 SCIRXEMU 中是右对齐，且在 SCIRXBUF 中前面的位填 0。SCITXBUF 前面的位不需要填 0。对于 SCICHAR2~0 位的位值和字符长度关系如下所示 CHAR2　CHAR1　CHAR0 字符长度（Bit） 　0　　　　0　　　　0　　　　　1 　0　　　　0　　　　1　　　　　2 　0　　　　1　　　　0　　　　　3 　0　　　　1　　　　1　　　　　4 　1　　　　0　　　　0　　　　　5 　1　　　　0　　　　1　　　　　6 　1　　　　1　　　　0　　　　　7 　1　　　　1　　　　1　　　　　8

7	6	5	4	3	2	1	0
STOP BITS	EVE/ODD PARITY	PARITY ENABLE	LOOPBACK ENA	ADDR/IDLE MODE	SCICHAR2	SCICHAR1	SCICHAR0
R/W-0	R/W-0	R/W-0	R/W-0	R/W-0	R/W-0	R/W-0	R/W-0

图 6.31 SCI 通信控制寄存器（SCICCR）

6.2.2.3 SCI 控制寄存器 1（SCICTL1）

SCICTL1 控制接收/发送使能、TXWAKE 和 SLEEP 功能以及 SCI 软件复位，如图 6.32 和表 6.27 所示。

SCI 控制寄存器 1（SCICTL1）的地址位 7051H。

7	6	5	4	3	2	1	0
Reserved	RX ERR INT ENA	SW RESET	Reserved	TX WAKE	SLEEP	TXENA	RXENA
R-0	R/W-0	R/W-0	R-0	R/W-0	R/W-0	R/W-0	R/W-0

图 6.32 SCI 控制寄存器 1（SCICTL1）功能描述

表 6.27 SCI 控制寄存器 1（SCICTL1）功能描述

位	名称	功能描述
7	保留	读返回 0，写没有影响
6	RX ERR INT ENA	接收错误中断使能位 如果由于产生错误而置位了接收错误位（SCIRXST，位 7），则置位该位使能一个接收错误中断 0 禁止接收错误中断　　1 使能接收错误中断
5	SW RESET	软件复位位（低有效） 将 0 写入该位，初始化 SCI 状态机和操作标志位（寄存器 SCILTL2 和 SCIRXST）至复位状态。软件复位并不影响其他任何配置位。直至将 1 写入到软件复位位，所有起作用的逻辑都保持确定的复位状态。因此，系统复位后，应将该位置 1 以重新使能 SCI。在检测到一个接收器间断后（BRKDT 标志位，位 SCIRXST，位 5）清除该位 SW RESET 影响 SCI 的操作标志位，但是它既不影响配置位也不恢复复位值。一旦产生 SW RESET，直到该位停止，标志位一直被冻结 SW RESET 影响 SCI 的操作标志位如下 SCI Flag　　Register Bit　　SW RESET 复位后的值 TXRDY　　SCICTL2, bit 7　　1 TX EMPTY　SCICTL2, bit 6　　1 RXWAKE　　SCIRXST, bit 1　　0 PE　　SCIRXST, bit 2　　0 OE　　SCIRXST, bit 3　　0 FE　　SCIRXST, bit 4　　0 BRKDT　　SCIRXST, bit 5　　0 RXRDY　　SCIRXST, bit 6　　0 RX ERROR　SCIRXRT, bit 7　　0

续表

位	名称	功能描述
4	保留	读返回零，写没有影响
3	TXWAKE	发送器唤醒方式选择 MODE（SCICCR，位 3）位设置的发送模式（空闲模式或地址位模式），根据 ADDR/IOEL. 确定的发送模式，TXWAKE 位控制数据发送特征的选择 0 发送特征不被选择在空闲线模式下：写 1 到 TXWAKE，然后写数据到 SCITXBUF 寄存器以产生一个 11 数据位的空闲周期；在地址位模式下：写 1 到 TXWAKE，然后写数据到 SCITXBUF 寄存器，以设置地址位格式为 1，TXWAKE 位不由 SW RESET 位（SCICIL 位 5）清除；它由一个系统复位或发送到 WUF 标志位的 TXWAKE 清除 1 根据通信模式（空闲线模式或地址线模式）的不同选择发送特征
2	SLEEP	休眠位 根据 ADDR/IDLEMODE（SCICCR，位 3）确定的发送模式（空闲线模式或地址线模式），TXWAKE 位控制数据发送特征的选择，在多处理器配置中，该位控制接收器睡眠功能，清除该位唤醒 SCI 当 SLFEP 位被置位时，接收器仍可操作；然而除非地址位字节被检测到，否则操作不会更新接收器缓冲准备位（SCIRXST，位 6，RXRDY）或错误状态位（SCIRXST，位 5~2；BRKDT、FE、OE 和 PE）。当地址位字节被检测到时，SLEEP 位不会被清除 0 禁止睡眠模式　　1 使能睡眠模式
1	TXENA	发送使能位 只有当 TXENA 被置位时，数据才会通过 SCITXD 引脚发送。如果复位，当所有已经写入到 SCITXBUF 的数据被发送后，发送就停止 0 禁止发送　　1 使能发送
0	RXENA	接收使能位 从 SCIRXD 引脚上接收数据传送到接收移位寄存器，然后再传到接收缓冲器。该位使能或禁止接收器的工作（发送到缓冲器） 清除 RXENA，停止将接收到的字符传送到两个接收缓冲器，并停止产生接收中断。但是接收移位寄存器仍然能继续装配字符。因此，如果在接收一个字符过程中 RXENA 被置位，完整的字符将会被发送到接收缓冲寄存器 SCIRXEMU 和 SCIRXBUF 中 0 禁止接收到的字符发送到 SCIRXEMU 和 SCIRXBUF 1 接收到的字符传送到 SCIRXEMU 和 SCIRXBUF

6.2.2.4　SCI 波特率选择寄存器（SCIHBAUD，SCILBAUD）

在 SCIHBAUD 和 SCILBAUD 中的值确定 SCI 的波特率，如图 6.33、图 6.34 和表 6.28 所示。

（1）波特率选择高字节寄存器（SCIHBAUD，地址 7052H）。

15	14	13	12	11	10	9	8
BAUD15(MSB)	BAUD14	BAUD13	BAUD12	BAUD11	BAUD10	BAUD9	BAUD8
R/W-0	R/W-0	R/W-0	R/W-0	R/W-0	R/W-0	R/W-0	R/W-0

图 6.33　波特率选择高字节寄存器（SCIHBAUD）

（2）波特率选择低字节寄存器（SCILBALUD，地址 7053H）。

7	6	5	4	3	2	1	0
BAUD7	BAUD6	BAUD5	BAUD4	BAUD3	BAUD2	BAUD1	BAUD0(LSB)
R/W-0	R/W-0	R/W-0	R/W-0	R/W-0	R/W-0	R/W-0	R/W-0

图 6.34　波特率选择低字节寄存器（SCILBAUD）

表 6.28　波特率选择寄存器功能描述

位	名称	功能描述
15~0	BAUD15~0	16 位波特率选择寄存器 SCIHBAUD（高字节）和 SCILBAUD（低字节），连接在一起构成 16 位波特率设置寄存器 BRR 内部产生的串行时钟由低速外设时钟（LSPCLK）和两个波特率选择寄存器确定。SCI 使用这些寄存器的 16 位值选择 64K 种串行时钟速率中的一种作为通信模式。复位值为 0

6.2.2.5　SCI 控制寄存器 2（SCICTL2）

SCI 控制寄存器 2（SCICTL2）控制使能接收准备好、间断检测、发送准备断、发送器准备好及空标志，如图 6.35 和表 6.29 所示。

SCI 控制寄存器 2（SCICTL2）的地址为 7054H。

15							8
Reserved							
R/W-0							

7	6	5				1	0
TXRDY	TX EMPTY	Reserved				RX/BK INT ENA	TX INT ENA
R-1	R-1	R-0				R/W-0	R/W-0

图 6.35　SCI 控制寄存器 2（SCICTL2）

表 6. 29　SCI 控制寄存器 2（SCICTL2）功能描述

位	名称	功能描述
15~0	保留	
7	TXRDY	发送缓冲寄存器准备好标志位 当 TXRDY 置位时，表示发送数据缓冲寄存器〔SCITXBUF〕已经准备好接收另一个字符。向 SCITXBUF 写数据。自动清除 TXRDY 位。如果 TXRDY 置位时，中断使能位 TXINT ENA（SCICTL2.0）置位，将会产生一个发送中断请求，使能 SW RESET 位（SCTCTL2）或系统复位，可以使 TXRDY 置位 0 SCITXBUF 满　　　1 SCITXBUF 准备好接收下一个字符
6	TX EMPTY	发送器空标志位 该标志位的值显示了发送器的缓冲寄存器（SCITXBUF）和移位寄存器 TXSHF）的内容。一个有效的 SW RESET（SCICTL1.2）或系统复位使该位置位。该位不会引起中断请求 0 发送器的缓冲器或移位寄存器或两者都装入数据 1 发送器的缓冲器和移位寄存器都是空的
5~2	保留	读返回 0，写没有影响
1	RX/BK INT	接收缓冲器/间断中断使能 该位控制由于 RXRDY 标志位或 BRKDT 标志位 SCIRXST 的 5, 6 位)置位引起的中断请求。但是 RX/BK INT ENA 并不能阻止 RX/BK INT 置位 0 禁止 RXRDY/BRKDT 中断　　　1 使能 RXRDY/BRKDT 中断
0	TX INT ENA	SCITXBUF 寄存器中断使能位 该位控制由 TXRDY 标志位（SCICTL2.7）置位引起的中断请求。但是它并不能阻止 TXRDY 被置位（被置位表示寄存器 SCITXBUF 准备接收下一个字符） 0 禁止 TXRDY 中断　　　1 使能 TXRDY 中断

6.2.2.6　SCI 接收器状态寄存器（SCIRXST）

SCIRKST 包含 7 个接收器状态标志位（其中 2 个能产生中断请求）。每次，一个完整的字符发送到接收缓冲器（SCIRKEMU 和 SCIRXBUF）后，状态标志位刷新。每次缓冲器被读取时，标志位被清除。图 6.36 给出了寄存器位的关系，表 6.30 给出了 SCl 接收状态寄存器的功能定义。

SCI 接收器状态寄存器（SCIRXST）的地址为 7055H。

7	6	5	4	3	2	1	0
RX ERROR	RXTDY	BRKDT	FE	OE	PE	RXWAKE	Reserved
R/W-0	R/W-0	R/W-0	R/W-0	R/W-0	R/W-0	R/W-0	R/W-0

图 6.36 SCI 接收器状态寄存器（SCIRXST）

表 6.30 SCI 接收器状态寄存器（SCIRXST）功能描述

位	名称	功能描述
7	RX ERROR	接收器错误标志位 RX ERROR 标志位说明在接收状态寄存器中有一位错误标志位被置位。RX ERROR 是间断检测、帧错误、超时和奇偶错误使能标志位（位 5~2：BRKDT，FE，OE，和 PE）的逻辑或 如果 RX ERR INT ENA 位（SCICTL 1.6）被置位，则该位上的一个 1 将会引起一个中断。在中断服务子程序中可以使用该位进行快速错误条件检测。错误标志位不能被直接清除，它由一个有效的软件复位或者系统复位来消除 0 无错误标志设置　　　　1 错误标志设置
6	RXRDY	接收器准备好标志位 当准备好从 SCIRXBUF 寄存器中读一个新的字符时，接收器置位，接收器准备好标志位，并且如果 RX/BK INT ENA 位（SCICTL2.1）是 1，则产生接收器中断，读取 SCIRXBUF 寄存器、有效的软件复位或者系统复位都可以清除 RXRDY 0 在 SCIRXBUF 中没有新的字符　　1 准备好从 SCIRXBUF 中读取字符
5	BRKDT	间断检测标志位 当满足间断条件时，SCI 将置位该位。从丢失第一个停止位开始，如果 SCI 接收数据线路（SCIRXD）连续地保持至少 10 位低电平，则产生一个间断条件。如果 RX/BK INT ENA 位为 1，则间断的发生会引发一个接收中断，但这不会引起重新装载接收缓冲器。即使接收 SLEEP 被置位为 1，也能发生一个 BRKDT 中断。一个有效的软件复位或者一个系统复位可以清除 BRKDT。在检测到一个间断后，接收字符并不能清除该位。为了接收更多的字符，必须通过触发软件复位位或者系统复位来复位 SCI 0 没有产生间断条件　　1 间断条件发生
4	FE	帧错误标志位 当检测不到一个期望的停止位时，SCI 就置位该位，仅检测第一个停止位。丢失停止位表明没有能够和起始位同步，且字符帧发生了错误。软件复位或系统复位该清除 FE 位 0 没有检测到帧错误　　1 检测到帧错误

续表

位	名称	功能描述
3	OE	超时错误标志位 在前一个字符被 CPU 或 DMAC 完全读走前，当字符被发送到 SCIRX-EMU 和 SCIRXBUF 时，SCI 就置位该位，前一个字符将会被覆盖或丢失，软件复位或系统复位将 OE 标志位复位 0 没有检测到超时错误　　1 检测到超时错误
2	PE	奇偶校验错误标志位 当接收的字符的 1 的数量和它的奇偶校验位之间不匹配时，该标志位被置位。在计算时，地址位被包括在内。如果奇偶校验的产生和检测没有被使能，则 PE 标志位被禁止且读作 0。有效的软件复位信号或系统复位 PE 信号 0 没有检测到奇偶校验错误　　1 检测到奇偶校验错误
1	RXWAKE	接收器唤醒检测标志位 当该位为 1 时，表示检测到了接收器唤醒的条件。在地址位多处理器模式中（SCICCR.3=1），RXWAKE 反映了 SCIRXBUF 中字符的地址位的值。在空闲线多处理器模式中，如果 SCIRXD 被检测为空闲状态，则 RXWAKE 被置位。RXWAKE 是一个只读标志位，它由以下条件来清除 地址位传送到 SCIRKBUF 后传送第一个字节 读 SCIRXBUF 有效的 SW RESET 系统复位
0	保留	读返回 0，写操作没有影响

6.2.2.7 接收数据缓冲寄存器（SCIRXEMU，SCIRXBUF）

接收的数据从 RXSHF 传送到 SCIRXEMU 和 SCIRXBUF。当传送完成后，RXRDY 标志位（位 SCIRXST.6）置位，表示接收的数据可以被读取。两个寄存器存放着相同的数据；两个寄存器有各自的地址，但物理上不是独立的缓冲器。它们的唯一区别在于读 SCIRXEMU 操作不清除 RXRDY 标志位，而读 SCIRXBUF 操作清除该标志位。

（1）仿真数据缓冲器。

正常 SCI 接收数据操作从 SCIRXBUF 寄存器中读取接收到的数据。由于它能连续地为屏幕更新读取接收到的数据而不用清除 RXRDY 标志位，SCIRXEMU 寄存器由仿真器（EMU）使用。系统复位清除 SCIRXEMU。在窗口观察 SCIRXBUF 寄存器时，使用该寄存器。在物理上，SCIRXEMU 是不可用的，它仅仅是在不清除 RXRDY 标志位的情况下访问 SCIRXBUF 寄存器的一个不同的地址空间。其功能定义如图 6.37 所示。

仿真数据缓冲寄存器（SCIRXEMU）的地址为 7056H。

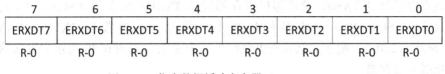

7	6	5	4	3	2	1	0
ERXDT7	ERXDT6	ERXDT5	ERXDT4	ERXDT3	ERXDT2	ERXDT1	ERXDT0
R-0	R-0	R-0	R-0	R-0	R-0	R-0	R-0

图 6.37 仿真数据缓冲寄存器（SCIRXEMU）

（2）接收数据缓冲器（SCIRXBUF）。

在当前接收的数据从 RXSHF 移位到接收缓冲器时，RXRDY 标志位置位，数据准备好读取，如果 RX/BK INT ENA 位（SCICTL2.1）置位，移位将产生一个中断。当选取 SCIRXBUF 时，RXRDY 标志位被复位；系统复位清除 SCIRXBUF。SCIRXBUF 的功能如图 6.38 和表 6.31 所示。

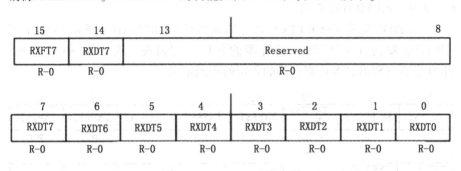

15	14	13					8
RXFT7	RXDT7	Reserved					
R-0	R-0	R-0					

7	6	5	4	3	2	1	0
RXDT7	RXDT6	RXDT5	RXDT4	RXDT3	RXDT2	RXDT1	RXDT0
R-0	R-0	R-0	R-0	R-0	R-0	R-0	R-0

图 6.38 SCIRXBUF 寄存器

注：15，14 位仅仅在 FIFO 使能时才被应用。

表 6.31 SCIRXBUF 寄存器功能描述

位	名称	功能描述
15	SCIFFFE	SCI FIFO 帧错误标志位 1 当接收字符时，产生帧错误；该位与 FIFO 顶部的字符有关 0 当接收字符时，不产生帧错误；该位与 FIFO 顶部的字符有关
14	SCIFFPE	SCI FIFO 奇偶校验错误位 1 当接收字符时，产生奇偶校验错误；该位与 FIFO 顶部的字符有关 0 当接收字符时，不产生奇偶校验错误；该位与 FIFO 顶部的字符有关
13~8	保留	
7~0	RXDT7-0	接收字符位

6.2.2.8 SCI 发送数据缓冲寄存器 (SCITXBUF)

将要发送的数据写入到 SCITXBUF 中。这些位必须是右对齐的，由于小于 8 位长度的字符的左侧位被忽略了，因此发送数据必须右侧对齐。数据从该寄存器移到 TXSHF 发送移位寄存器置位 TXRDY 标志位 (SCICTL2.7)，这表明 SCITXBUF 已准备好接收下一数据。如果置位 TX INT ENA (SCICTL2.0)，则该数据发送也会产生一个中断。如图 6.39 所示为发送数据缓冲寄存器。

发送数据缓冲寄存器 (SCITXBUF) 的地址为 7059H。

7	6	5	4	3	2	1	0
TXDT7	TXDT6	TXDT5	TXDT4	TXDT3	TXDT2	TXDT1	TXDT0
R/W-0	R/W-0	R/W-0	R/W-0	R/W-0	R/W-0	R/W-0	R/W-0

图 6.39　发送数据缓冲寄存器 (SCITXBUF)

6.2.2.9 SCI FIFO 寄存器

SCI FIFO 发送 (SCIFFTX) 寄存器为地址 0x00705AH。图 6.40 给出了 SCI FIFO 发送 (SCIFFTX) 寄存器的各位分配情况，表 6.32 描述了 SCI FIFO 发送 (SCIFFTX) 寄存器的各位的功能定义。

15	14	13	12	11	10	9	8
SCIRST	SCIFFENA	TXFIFO Reset	TXFFST4	TXFFST3	TXFFST2	TXFFST1	TXFFST0
R/W-1	R/W-0	R/W-1	R-0	R-0	R-0	R-0	R-0

7	6	5	4	3	2	1	0
TXFFINT Flag	TXFFINT CLR	TXFFIENA	TXFFIL4	TXFFIL3	TXFFIL2	TXFFIL1	TXFFIL0
R-0	W-0	R/W-0	R/W-0	R/W-0	R/W-0	R/W-0	R/W-0

图 6.40　SCI FIFO 发送 (SCIFFTX) 寄存器

表 6.32　SCI FIFO 发送 (SCIFFTX) 寄存器功能描述

位	名称	功能描述
15	SCIRST	0 写 0 复位 SCI 发送和接收通道，SCI FIFO 寄存器配置位将保留 1 SCI FIFO 可以恢复发送或接收，即便是工作在自动波特率逻辑，SCIRST 也应该为 1
14	SCIFFENA	0 SCI FIFO 增强功能被禁止，且 FIFO 处于复位状态 1 使能 SCI FIFO 增强功能
13	TXFIFO	复位 0 复位 FIFO 指针为 0，保持在复位状态 1 重新使能发送 FTFO 操作

续表

位	名称	功能描述
12~8	TXFFST4~0	00000：发送 FIFO 是空的 00001：发送 FIFO 有 1 个字 00010：发送 FIFO 有 2 个字 00011：发送 FIFO 有 3 个字 ⋮ 10000：发送 FIFO 有 16 个字
7	TXFFINT	0 没有产生 TXFIFO 中断，只读位 1 产生 TXFIFO 中断，只读位
6	TXFFINT CLR	0 写 0，对 TXFIFINT 标志位没有影响，读取返回 0 1 写 1，清除 Bit 7 的 TXFFINT 标志位
5	TXFFIENA	0 基于 TXFFIVL 匹配（小于或等于）的 TX FIFO 中断被禁止 1 基于 TXFFIVL 匹配（小于或等于）的 TX FIFO 中断使能
4~0	TXFFIL4~0	TXFFIL4~0 发送 FIFO 中断级别位 当 FIFO 状态为（TXFFIL4~0）和 FIFO 级别位（TXFFIL4~0）匹配（小于或等于）时，发送 FIFO 将产生中断 默认值　0x00000

（1）SCI FIFO 接收（SCIFFRX）寄存器（地址 0x00705BH）。

图 6.41 给出了 SCI FIFD 接收（SCIFFRX）寄存器的各位分配情况，表 6.33 描述了 SCI FIFO 接收（SCIFFR）寄存器的各位的功能定义。

15	14	13	12	11	10	9	8
RXFFOVF	RXFFOVR CLR	RXFIFO RESET	RXFFST4	RXFFST3	RXFFST2	RXFFST1	RXFFST0
R-0	W-0	R/W-1	R-0	R-0	R-0	R-0	R-0
7	6	5	4	3	2	1	0
RXFFINT Flag	RXFFINT CLR	RXFFIENA	RXFFIL4	RXFFIL3	RXFFIL2	RXFFIL1	RXFFIL0
R-0	W-0	R/W-0	R/W-1	R/W-1	R/W-1	R/W-1	R/W-1

图 6.41　SCI FIFD 接收（SCIFFRX）寄存器

表 6.33　SCIFIFO 接收（SCIFFRX）寄存器功能描述

位	名称	功能描述
15	RXFFOVF	0 接收 FIFO 没有溢出，只读位 1 接收 FIFO 溢出，只读位。多于 16 个字接收到 FIFO，且第一个接收到的字丢失；这将作为标志位，但它本身不能产生中断。当接收中断有效时，就会产生这种情况。接收中断应处理这种标志状况

续表

位	名称	功能描述
14	RXFFOVF CLR	0 写 0 对 RXFFOVF 标志位无影响，读返回 0 1 写 1 清除 Bit 15 中的 RXFFOVF 标志位
13	RXFIFO Reset	RXFIFO 复位 0 写 0 复位 FIFO 指针为 0，且保持在复位状态 1 重新使能接收 FIFO 操作
12~8	RXFFST4~0	00000：接收 FIFO 是空的 00001：接收 FIFO 有 1 个字 00010：接收 FIFO 有 2 个字 00011：接收 FIFO 有 3 个字 ⋮ 10000：接收 FIFO 有 16 个字
7	RXFFINT	0 没有产生 RXFIFO 中断，只读位 1 已经产生 RXFIFO 中断，只读位
6	RXFFINT	0 写 0 对 RXFFINT 标志位无影响，读返回 0 1 写 1 清除 Bit 7 中的 RXFFINT 标志位
5	RXFFIENA	0 基于 RXFFIVL 匹配（小于或等于）的 RX FIFO 中断被禁止 1 基于 RXFFIVL 匹配（小于或等于）的 RX FIFO 中断使能
4~0	RXFFIL4~0	RXFFIL4~0 接收 FIFO 中断级别位 当 FIFO 状态为（RXFFIL4~0）和 FIFO 级别位（TXFFIL4~0）匹配（例如，小于或等于）时，接收 FIFO 将产生中断，这些位复位后的默认值为 11111。这将避免频繁的中断，复位后，作为接收 FIFO 在大多数时间里是空的

（2）SCI FIFO 控制（SCIFFCT）寄存器（地址 0x00705CH）。

图 6.42 给出了 SCI FIFO 控制（SCIFFCT）寄存器的各位分配情况，表 6.34 描述了 SCIFIFO 控制（SCIFFCT）寄存器各位的功能定义。

15	14	13	12				8
ABD	ABD CLR	CDC			Reserved		
R-0	R/W-0	R/W-0			R-0		
7	6	5	4	3	2	1	0
FFTXDLY7	FFTXDLY6	FFTXDLY5	FFTXDLY4	FFTXDLY3	FFTXDLY2	FFTXDLY1	FFTXDLY0
R/W-0	R/W-0	R/W-0	R/W-0	R/W-0	R/W-0	R/W-0	R/W-0

图 6.42　SCI FIFO 控制（SCIFFCT）寄存器

表 6.34 SCI FIFO 控制 SCIFFCT) 寄存器功能描述

位	名称	功能描述
15	ABD	自动波特率检测（ABD）位 0 没有自动波特率检测是不完整的，没有成功接收 "A" "a" 字符 1 自动波特率硬件在 SCI 接收寄存器检测到 "A" 或 "a" 字符；完成自动检测 只有在 CDC 位置时，使能自动波特率检测位才能工作
14	ABD CLR	ABD 清除位 0 写 0，对 ABD 标志位没有影响，读返回 0 1 写 1，清除 Bit 15 中的 ABD 标志位
13	CDC	CDC 校准 A-检测位 0 禁止自动波特率校验 1 使能自动波特率校验
12~8	保留	
7~5	FFTXDLY7~0	这些位定义了每个 FIFO 发送缓冲器到发送移位寄存器间的延迟。延迟以 SCI 串行波特率时钟的个数定义。8 位寄存器可以定义最小 0 周期延迟，最大 256 波特率时钟周期延迟 在 FIFO 模式中，在移位寄存器完成最后一位的移位后，移位寄存器和 FIFO 间缓冲器（TXBUF）应该填满。在发送器到数据流之间的传递必须有延迟。FIFO 模式中，TXBUF 不应该作为一个附加级别的缓冲器，在标准的 UARTS 中，延迟的发送特征有助于在没有 RTS/CTS 的控制下建立一个自动传输方案

6.2.2.10 优先级控制寄存器（SCIPRI）

SCI 优先级控制寄存器（SCIPRI）的地址为 705FH。

图 6.43 给出了 SCI 优先级控制寄存器的各位分配情况，表 6.35 描述了 SCI 优先级控制寄存器各位的功能定义。

7		5	4	3	2		0
Reserved			SCI SOFT	SCI FREE	Reserved		
R-0			R/W-0	R/W-0	R-0		

图 6.43 SCI 优先级控制寄存器

表 6.35 SCI 优先级控制寄存器（SCIPRI）功能描述

位	名称	功能描述
7~5	保留	读返回，写没有影响

续表

位	名称	功能描述
4，3	SOFT 和 FREE	这些位确定了当发生仿真挂起时（例如，调试遇到一个断点），无论外设在执行什么操作（运行模式），或处于停止模式，它都能继续执行；一旦当前的操作（当前的接收/发送序列）完成，它可以立即停止 Bit 4　　　　Bit 3 SOFT　　　　FREE 　0　　　　　0　　　　在挂起状态下立即停止 　1　　　　　0　　　　在停止前完成当前的接收/发送序列 　X　　　　　1　　　　自由运行，忽略挂起继续 SCI 操作
2~0	保留	

思考题

（1）TMS320F2812 串口有哪几种类型？

（2）写出 TMS320F2812 中 SPI 的 4 种时钟模式。

（3）简述 TMS320F2812 处理器的 SPI 接口的接收和传输 FIFO 的作用。

（4）简述 SCI 的接口特点及工作模式。

（5）DSP 如何与速度不同的片外存储器及其他外设进行数据交换？

（6）简述 TMS320F2812 SCI 通信接口的特点。

（7）简述 TMS320F2812 SPI 通信接口的特点。

7 应用 CCS 软件建立一个 TMS320F2812 完整项目

CCS 是 TI 公司推出的用于开发 DSP 芯片的集成开发环境（IDE），它采用 Windows 风格界面，集编辑、编译、链接、软件仿真、硬件调试以及实时跟踪等功能于一体，极大地方便了 DSP 芯片的开发与设计，是目前使用最为广泛的 DSP 开发软件之一。

CCS 其中包括了 C 编译器、汇编器、连接器，以及软件模拟器和实时调试工具包。在 CCS 集成环境下，可以完成代码的编写、编译，以及模拟调试，CCS 支持的 TDRX 还允许用户对开发板进行在线调试，极大地提高了 DSP 开发者的效率。

在本章中首先对 CCS 2 的开发环境进行设置，并通过解析来了解一个完整的工程是由哪些文件组成的。然后以一个简单的 DSP 程序为例，介绍采用 CCS 开发 DSP 应用程序的基本过程。

7.1 设置 CCS 开发环境

CCS 的设置主要分为在软件工作环境的设置和硬件工作环境的设置。

（1）CCS 工作在软件仿真环境下的设置。

CCS 工作在纯软件仿真环境中时，是由软件在 PC 机内存中构造一个虚拟的 DSP 环境，可以调试、运行程序。但一般软件无法构造 DSP 中的外设，所以软件仿真通常用于调试纯软件的算法和进行效率分析等。在使用软件仿真方式工作时，无需连接板卡和仿真器等硬件。

（2）CCS 工作在硬件仿真环境下的设置。

通过 TMS320F2812 XDS510 Emulator 仿真器连接 ICETEK-F2812-A 硬件环境进行设置 CCS。

7.1.1 CCS 软件仿真的设置

CCS 软件仿真的设置步骤如下。

①单击桌面上的 🖥️ 图标，弹出"Import Configuration"对话框，此对话框为 CCS 设置驱动界面，如图 7.1 所示。在此对话框中对 CCS 进行设置，在"Available Configurations"下面的列表中选择"F2812 Device Simulator"仿真器配置选项，单击 Import 按钮，输入配置。

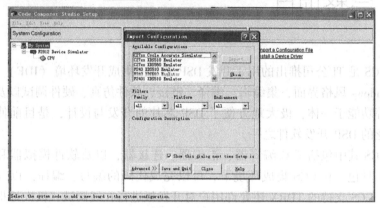

图 7.1　Import Configuration 对话框

②单击 Save and Quit 按钮，将弹出"Code Composer Studio Setup"对话框，如图 7.2 所示。单击 是(Y) 按钮，保存设置。

图 7.2　Code Composer Studio Setup 对话框

此时，CCS 已经被设置成 Simulator 方式（软件仿真 TMS320F2812 器件的方式），如果一直使用这一方式就不需要重新进行以上设置操作了。

7.1.2　CCS 硬件仿真的设置

CCS 硬件仿真的设置步骤如下。

①单击桌面上的 🖥️ 图标，弹出"Import Configuration"对话框，此对话框为 Import 设置界面。可以先单击 Clear 按钮，清除以前的仿真器配置。在"Available Configurations"下面的列表中选择"F2812 XDS510 Emulator"仿

真器选项。单击 Import 按钮,输入配置,如图 7.3 所示。单击 Close 按钮,关闭该对话框。

图 7.3 Import Configuration 对话框

②进入到 "Code Composer Studio setup" 界面,如图 7.4 所示,此时可以对系统进行设置。

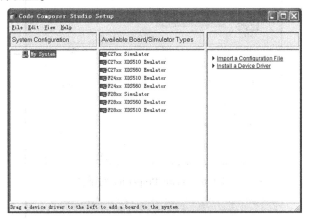

图 7.4 Code Composer Studio Setup 对话框

③鼠标右键单击 "System Configuration" 下面的 "F2812XDS510 Emulation" 选项,在弹出的下拉菜单中,选择 "Properties" 菜单命令,如图 7.5 所示。

④弹出 "Board Properties" 对话框,如图 7.6 所示。

⑤在该对话框的 "Board Name & Data File" 页面中,在 "Auto-generate board data file…" 下拉列表中选择第二个选项,如图 7.7 所示。选择此项的作用是自动生成电路板外部配置数据文件。

⑥单击 Browse. 按钮,来指定配置文件 "Techusb.cfg" 的路径,如图 7.8 所示。单击 打开(Q) 按钮,打开 ".cfg" 文件。

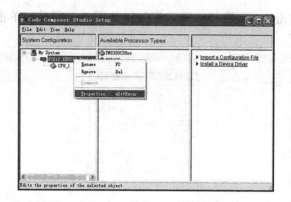

图 7.5 选择 "Properties" 菜单命令

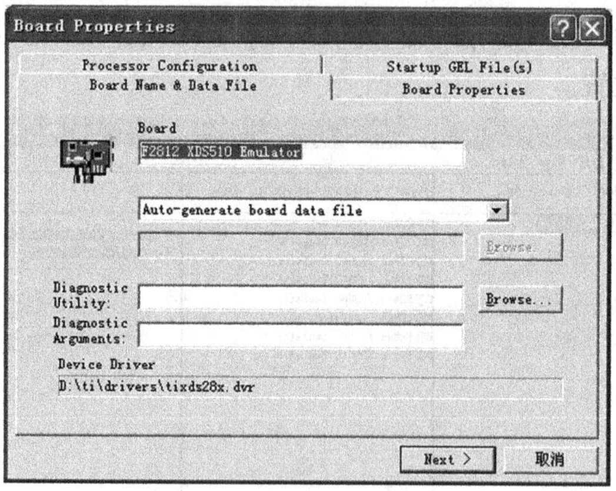

图 7.6 Board Properties 对话框

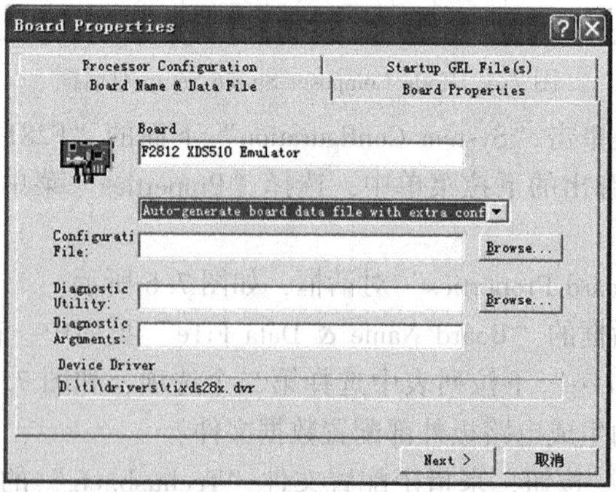

图 7.7 Board Name & Data file 选项页

图 7.8　选择 ".cfg" 文件窗口

⑦此时 "Board Name & Data File" 页面会发生更新, 如图 7.9 所示。

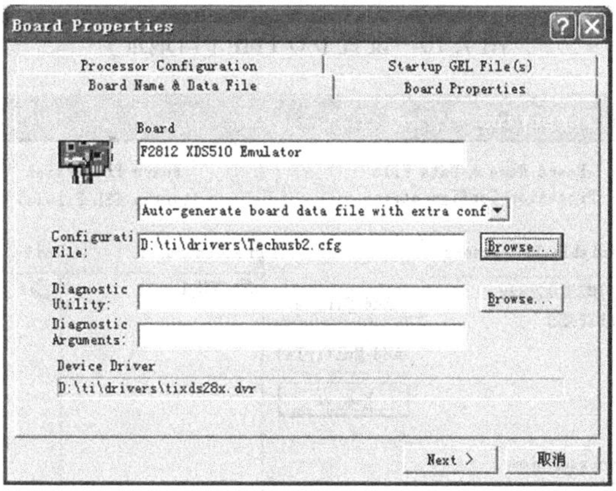

图 7.9　更新后的 Board Name & Data File 页面

⑧将 I/O Port (口地址) 设置为 0。在 "Board Properties" 对话框中的 "startup GEL File (s)" 页面中, 将 "Value" 下面的端口值改为 "0x280", 如图 7.10 所示, 然后单击 Next > 按钮。

⑨转到 "Processor Configuration" 页面, 单击 Add Single 按钮, 可添加一个 CPU, 如图 7.11 所示, 然后再单击 Next > 按钮。

⑩转到 "startup GEL File (s)" 页面, 如图 7.12 所示。然后单击□按钮, 在弹出的对话框中选择相应的目标 CPU 对应的 ".gel" 文件, 在这里选择 "f2812.gel" 文件, 如图 7.13 所示。单击 打开(0) 按钮, 打开文件。

⑪单击 Finish 按钮, 回到 "Code Composer Studio Setup" 界面。

⑫关闭 "Code Composer Studio Setup" 窗口, 弹出 "Code Composer Studio Setup" 对话框, 如图 7.14 所示。此对话框提示是否保存当前的设置, 单击 是(0) 按钮, 保存当前的设置。

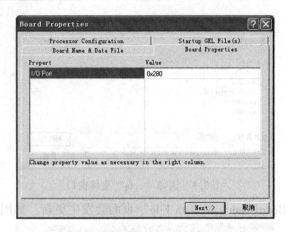

图 7.10　设置 I/O Port（口地址）

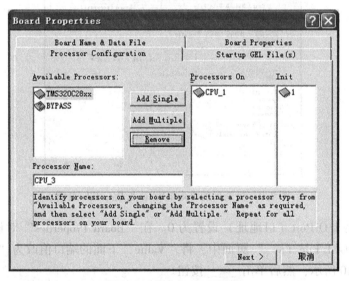

图 7.11　添加 CPU 对话框

⑬弹出 "Code Composer Studio Setup" 对话框，如图 7.15 所示。此对话框提示是否启动 CCS 操作环境，单击 █████ 按钮，弹出 "Code Composer Studio" 窗口，出现此图标说明 CCS 硬件仿真环境配置成功，如图 7.16 所示。

7.2　解析一个完整的工程

将 CCS 的环境配置好之后，就可以进入 CCS 的开发环境了。在本节中通过解析 GPIO 例程（TI 提供的），来具体说明一个完整的工程中所包含的

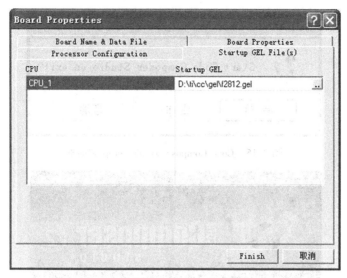

图 7.12　Startup GEL File（s）页面

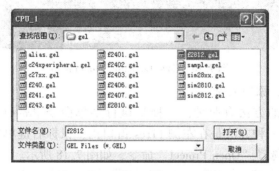

图 7.13　选择 "f2812. gel" 文件

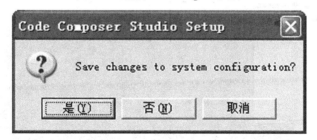

图 7.14　Code Composer Studio Setup 对话框

文件。

　　首先需要将例程复制到 CCS 安装路径下面的 "myprojects" 文件夹中，需要注意的是确保访问到这个文件夹的路径里不要出现中文字符。放好之

图 7.15　Code Composer studio setup 对话框

图 7.16　Code Composer Studio 窗口

后，运行 CCS，添加工程。

　　添加工程的方法有两种，一种是执行菜单命令 Project→Open，如图 7.17 所示；另一种方法是在左侧 Files 窗口内，鼠标右键单击"Projects"，在弹出菜单中选择"Open Project"命令，如图 7.18 所示。

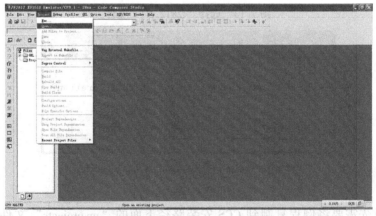

图 7.17　打开工程（一）

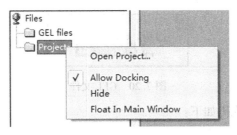

图 7.18　打开工程（二）

打开工程之后，"＊＊＊.pjt"工程会显示在左侧"Files"窗口内，如图 7.19 所示。

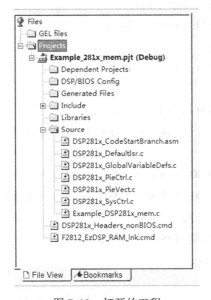

图 7.19　打开的工程

从图 7.19 中可以看出，一个完整的工程需要由 GEL 文件、库文件（.1ib），头文件（.h），源文件（.c）和 CMD 文件组成，后四个文件是必不可少的。下面来逐一分析一下构成一个完整工程所包含的文件。

7.2.1　GEL 文件

GEL General Extension Language 是用来设置 CCS 和初始化开发板的一种解释性语言。GEL 文件不是 DSP 开发必须的文件，而是给 CCS 使用的文件，它帮助设置 CCS 的仿真环境，而且可以完成一些常用的调试操作，如硬件设置等。GEL 文件如图 7.20 所示。

GEL 文件还用来处理一些烦琐的事情，例如可以用 GEL 文件来自动初

图 7. 20　GEL 文件

始化 DSP 系统, 代码如下:

```
StartUp ()
{
int i;
//setup_ memory_ map ();
for ( i=0; i<1000; i++)     i=i;
GEL_ Reset ();
for ( i=0; i<1000; i++)     i=i;
init_ emif ();
for ( i=0; i<1000; i++)     i=i;
GEL_ ProjectLoad (" D: \ \ ti \ \ MyProjects \ \ EagleEye \ \ V100
\ \ Eag1eEye. pjt");
for ( i=0; i<10000; i++)     i=i;
GEL_ Load ( " D: \ \ ti \ \ MyProjects \ \ EagleEye \ \ V100 \ \ de-
bug \ \ EagleEye. out");
for ( i=0; i<10000; i++)     i=i;
GEL_ Go (main);
}
```

　　只要打开 CCS, 它就会自动依次执行系统软件复位、配置 EMIF 的各种
寄存器、打开项目文件、装载项目文件, 并且自动执行到 main (), 停在那
里等着用户继续操作。

　　用户可以在每次启动 CCS 时设置环境。CCS 运行用户按照其需要使用 GEL
函数配置开发环境。要使用 GEL 函数, 通常的方法是执行菜单命令 "File" →
"Load GEL", 再执行 GEL 函数, 但是如果每次设置环境都采用这种方法就比较
麻烦。因此用户可以使 CCS 启动后自动执行 GEL 函数, 在 CCS 启动的同时将
GEL 文件名传给 CCS, 通知 CCS 扫描并加载指定的 GEL 文件。

　　要设置环境, 不仅需要自动加载 GEL 文件, 还需要能自动执行 GEL 函
数。用户可以将某个 GEL 函数命名为 statUp (), 这样, 当 GEL 文件被加载
到 CCS 时, 它将自动搜索名为 statUp () 的 GEL 函数并自动执行。

在桌面上的 CCS 快捷方式上单击鼠标右键，从弹出的菜单中选择"属性"命令，将弹出属性设置对话框，如图 7.21 所示。

图 7.21 属性设置对话框

从图 7.21 中可以看出，在运行 CCS 可执行文件（C：\ ti \ cc \ bin \ cc _ app. exe）的同时，"E：\ ti \ cc \ gel \ f2812. gel"文件也将被自动加载。用户可以将"目标"栏中运行 CCS 可执行程序所带的参数更改为自己的 GEL 文件，同时在该文件中定义一个名为 statUp（）的 GEL 函数，这样就可以在启动 CCS 时自动加载此 GEL 文件被自动执行 statUp（）GEL 函数中的相应语句。

7.2.2 头文件

"Include"文件夹下后缀是".h"的文件就是 2812 的头文件。头文件的作用是定义了 2812 内部寄存器的数据结构。在一般情况下头文件并不需要修改，用户可以将在整个工程内都具有作用域的全局变量在头文件中进行定义。GPIO 例程中的头文件如图 7.22 所示。

头文件一般由三部分内容组成：头文件开头处的版权和版本声明、预处理块以及函数和类结构声明等。在头文件中，用 ifnde/define/endif 结构产生

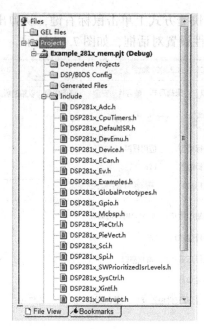

图 7.22　GPIO 例程中的头文件

预处理块，用#include 格式来引用库的头文件。发现头文件的主要作用在于调用库功能，对各个被调用函数给出一个描述，其本身不包含程序的逻辑实现代码，它只起描述性作用，告诉应用程序通过相应途径寻找相应功能函数的真正逻辑实现代码。用户程序只需要按照头文件中的接口声明来调用库功能，编译器会从库中提取相应的代码。

7.2.3　库文件

"Libraries" 下面扩展名为 "lib" 的库文件是 C 语言系统的库文件，如图 7.23 所示。库文件的作用是将函数封装在一起编译后供用户调用。使用库函数的优点在于编译后的库文件看不到源代码，保密性较强，同时不会因为不小心修改了函数而出问题，便于维护。2812 的库函数可以在 "C：\ ti \ c2000 \ cgtools \ lib"（若安装时更改了路径，可在安装目录下寻找）路径下找到。

7.2.4　源文件

如图 7.24 所示为 GPIO 例程中的源文件，这些文件都是以 "．c" 为扩展名的，用户开发时编写的软件代码都是保存在这些文件中的。

下面来分析一下该文件夹下各个源文件的内容，以便于更好地理解和采

图 7.23 GPIO 中的库文件

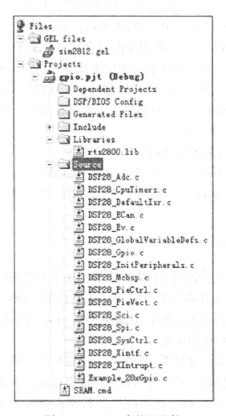

图 7.24 GPIO 中的源文件

用这种文件结构。

● DSP28_ Adc. c 外设 AD 的初始化函数, 与外设 AD 相关。

●DSP28_ CpuTimers. c CPU 定时器的初始化和配置函数，与 CPU 的定时器相关。

●DSP28_ DefaultIsr. c 包含了 2812 所有的中断函数，写中断时，只要将程序写在对应的函数内就可以，大大保证了中断的成功率。

●DSP28_ ECan. c 外设 CAN 的初始化函数，与外设 CAN 相关。

●DSP28_ Ev. c 外设 EV 的初始化函数，与外设 EV 相关。

●DSP28_ GlobalVariableDef. c 全局变量的定义，这个文件也很重要，定义了 2812 的寄存器、中断向量表等内容。

●DSP28_ Gpio. c GPIO 的初始化函数，只和 GPIO 相关。

●DSP28_ InitPeripherals. c 所有外设的初始化函数，函数的内容是调用了 2812 各个外设的初始化函数。

●DSP28_ Mcbsp. c Mcbsp 的初始化函数，只和 Mcbsp 相关。

●DSP28_ PieCtrl. c PIE 初始化函数，和中断相关。

●DSP28_ PieVect. c PIE 中断向量表定义以及初始化。

●DSP28_ Sci. c 外设 SCI 的初始化函数，只和外设 SCI 相关。

●DSP28_ Spi. c 外设 SPI 的初始化函数，只和外设 SPI 相关。

●DSP28_ SysCtrl. c 系统初始化，主要对看门狗、时钟等模块进行初始化，以保证 2812 正常工作。

●DSP28_ Xintf. c 外部接口的初始化函数。

●DSP28_ XIntrupt. c 外部中断的初始化函数。

●Example_ 28xGpio. c main 函数所在的文件，各个工程的 main 函数各有不同。

7.2.5 CMD 文件

如图 7.25 所示是例程中的 CMD 文件，这个文件的作用是用来分配存储空间的。由于 DSP 编译器的编译结果是未定位的，DSP 也没有操作系统来定位执行代码，DSP 系统的配置需求也不尽相同，因此可以根据实际的需求，自己定义代码的存储位置。

命令文件的开头部分是要链接的各个子目标文件的名字，这样链接器就可以根据子目标文件名，将相应的目标文件链接成一个文件；接下来就是链接器的操作指令，这些指令用来配置链接器；再接下来就是 MEMORY 和 SECTIONS 两个伪指令的相关语句，必须大写。MEMORY 用来配置目标存储器，SECTIONS 用来指定段的存放位置。

CMD 文件又分成两种，一种是分配 RAM 空间的，用来将程序读取到

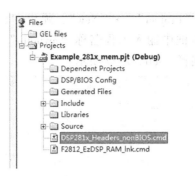

图 7.25 CMD 文件

RAM 内进行调试,因为大部分时间都是在调试程序,所以多用这类 CMD 文件,工程中的"F2812_ EzDSP_ RAM_ lnk. cmd"就是用于分配 RAM 空间的;另一种是分配 FLASH 空间的,当程序调试完毕后,需要将其烧写到 FLASH 内部进行固化,这个时候需要使用这类 CMD 文件。

7.3 创建一个完整的工程

通过上面内容的描述,我们已经对一个完整的工程所包含的文件有了了解,在本节中将以一个简单的程序为例,来介绍使用 CCS 开发 DSP 应用程序的基本过程。

7.3.1 创建工程文件

①在"e:\ ti\ myprojects"建立文件夹 hello1。

②将"e: \ ti\ tutorial\ sim28xx\ hello1"中的所有文件复制到上述新文件夹,然后 CCS 运行后的界面如图 7.26 所示。

图 7.26 运行 CCS 界面

③执行菜单命令"Project"→"New",弹出"Project Creation"对话框。在"Project"文本框中输入工程名称"myhello",在"Location"区域选择工程所要保存的路径,如图 7.27 所示。

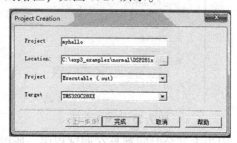

图 3-27　Project Creation 对话框

④单击 [完成] 按钮,CCS 就创建了一个新的工程,如图 7.28 所示。

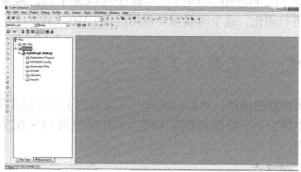

图 7.28　创建好的新工程

7.3.2 向工程添加文件

工程文件创建好后,开始向工程中添加文件,包括源文件、库文件、ASM 文件以及 CMD 文件。

①执行菜单命令"Project"→"Add Files to Project",选择"hello.c",然后单击 [打开(0)] 按钮,将源文件添加到工程中。

②执行菜单命令"Project"→"Add Files to Project",在弹出对话框的文件类型下拉列表中选择"*.asm",选择"vector.asm",然后单击 [打开(0)] 按钮,将该文件添加到工程中,文件中包含了设置跳转到该程序的 C 入口点的 RESET 中断(c_int00)所需的汇编指令。

③执行菜单命令"Project"→"Add Files to Project",在弹出对话框的文件类型下拉列表中选择"*.cmd",选择"hello.cmd",然后单击 [打开(0)] 按钮,将 CMD 文件添加到工程中。"hello.cmd"包含程序段到存储器的映

射。

④执行菜单命令 "Project" → "Add Files to Project"，在弹出对话框的文件类型下拉列表中选择 "＊.o"，".lib"。选择 "rts2800.lib"，然后单击 打开(O) 按钮，将库文件添加到工程中。该库文件对目标系统 DSP 提供运行支持。

⑤在以上的操作中并没有将头文件加载到工程中，CCS 将在创建时自动查找所需要的头文件。当创建完成时，可以再 Project 视图中看到生成程序所需要的头文件。

7.3.3 查看源代码

双击 Project View 中的文件 "hello.c"，可在窗口的右半部看到源代码。如想使窗口更大一些，以便能够即时地看到更多的源代码，可以选择 "Option" → "Font" 使窗口具有更小的字形。

源代码如下所示。

```
/*=====hello.c============*/

#include <stdio.h>
#include "hello.h"
#define BUFSIZE 30
Struct PARMS str =
{
2934,
9432,
213,
9432,
&str
};
/**======main=======**/
Void main ()
{
#ifdef FILEIO
int i;
char scanStr [BUFSIZE];
char fileStr [BUFISIZE];
```

```
size_ t readSize;
FILE * fptr;
#endif
/ * write a string to stdout * /
puts ( "hello world! \ n" );
#ifdef FILEIO
/ * clear char arrays * /
For (i=0; i<BUFSIZE; i++) {
scanStr [i] = 0 / * deliberate syntax error * /
fileStr [i] = 0;
}
/ * read a string from stdin * /
scanf ( "%s", scanStr);
/ * open a file on the host and write char array * /
fptr=fopen ( "file. txt", "w" );
fprintf (fptr,"%s", scanStr);
fclose (fptr);
/ * poen a file on the host an read char array * /
fptr=fopen ( "file. txt"," r" );
fseek (fptr, 0L, SEEK_ SET);
readSize=fread (fileStr, sizeof (char), BUFSIZE, fptr);
printf ( "Read a %d byte char array: %s \ n", readSize, fileStr);
fclose (fptr);
#endif
}
```

当没有定义 FILEIO 时，采用标准 puts ( ) 函数显示一条 hello word 消息，它只是一个简单程序。当定义了 FILEIO 后，该程序给出一个输入提示，并将输入字符串存放到一个文件中，然后从文件中读出该字符串，并把它输出到标准输出设备上。

7.3.4 编译和运行程序

①执行菜单命令 "Project" → "Rebuild All" 或者在 "Project" 工具栏上单击■图标，开始对程序进行编译、汇编和链接，"Output" 窗口将显示进行编译、汇编和链接的相关信息。

②执行菜单命令"File"→"Load Program",选择刚重新编译过的程序"myhello.out"并将其打开。CCS 把程序加载到目标系统 DSP 上,并打开反汇编窗口,该窗口显示反汇编指令。在该窗口的底部可以看到"Stdout"区域,该区域用以显示程序送往 Stdout 的输出。

③单击反汇编窗口中一条汇编指令,按下 F1 键,CCS 将搜索有关那条指令的帮助信息。

④执行菜单命令"Option"→"Disassembly style",在弹出窗口中选择不同的选项,查看反汇编窗口的变化,如图 7.29 所示。

图 7.29　反汇编查看窗口

⑤执行菜单命令"Debug"→"Run",可以再"stdout"区域中看到输出"hello world"信息,如图 7.30 所示。

图 7.30　在 output 窗口输出程序运行结果

至此,使用 CCS 开发 DSP 的一个完整应用程序的基本过程全部完成,包括创建、生成、调试、运行。

思考题

(1) 简述 CCS 软件配置步骤。

(2) 如何创建工程文件?

（3）写出以下每条语句的含义。

GpioMuxRegs. GPAMUX. all = 0x0; //_____

GpioMuxRegs. GPADIR. all = 0x0; //_____

AdcRegs. ADCTRL1. bit. SEQ_ CASC = 0; //_____

AdcRegs. ADCTRL1. bit. CONT_ RUN = 0; //_____

AdcRegs. ADCTRL1. bit. CPS = 0; //_____

AdcRegs. ADCMAXCONV. all = 0x0001; //_____

PieCtrlRegs. PIEIER1. bit. INTx6 = 1; //_____

EvaRegs. T1CON. bit. TMODE = 2; //_____

EvaRegs. T1CON. bit. TPS = 7; //_____

EvaRegs. T1CON. bit. TENABLE = 1; //_____

（4）如何编译和运行程序？

（5）如何查看源代码？

（6）如何向工程添加文件？

附录

I 基于 EXP-3 型 DSP 实验箱的实训练习

一、DSP 原理及应用实验的任务

数字信号处理实验是数字信号处理理论课程的一部分，它的任务是：

①通过实验进一步了解和掌握数字信号处理的基本理论及算法、数字信号处理的分析方法和设计方法；

②学习和掌握数字信号处理的仿真和实现技术；

③提高应用计算机的能力及水平。

二、实验设备

DSP 原理及应用实验所使用的设备由计算机、CPU 板、语音单元、开关量输入输出单元、液晶显示单元、键盘单元、信号扩展单元、CPLD 模块单元、模拟信号源、直流电源单元等组成。其中计算机是 CCS 软件的运行环境，是程序编辑和调试的重要工具。语音单元是语音输入和输出模块，主要完成语音信号的采集和回放。开关量输入输出单元可以对 DSP 输入或输出开关量。液晶显示单元可以对运行结果进行文字和图形的显示。模拟信号源可以产生频率和幅度可调的正弦波、方波、三角波。直流电源单元可以提供 3.3V，+5V，−12V 和+12V 的直流电源。

装有 CCS 软件计算机与整个实验系统共同构成整个的 DSP 软、硬件开发环境。所有的 DSP 芯片硬件的实验都是在这套实验装置上完成的。

三、对参加实验学生的要求

①阅读实验指导书，复习与实验有关的理论知识，明确实验目的。

②按实验指导书要求进行程序设计。

③在实验中注意观察，记录有关数据和图像，并由指导教师复查后才能结束实验。

④实验后应断电，整理实验台，恢复到实验前的情况。

⑤认真写实验报告，按规定格式做出图表、曲线、并分析实验结果。字迹要清楚，画曲线要用坐标纸，结论要明确。爱护实验设备，遵守实验室纪律。

实验一 常用指令实验

一、实验目的

①了解 DSP 开发系统的组成和结构;
②熟悉 DSP 开发系统的连接;
③熟悉 DSP 的开发界面;
④熟悉 TMS320F2812 系列的寻址系统;
⑤熟悉常用 TMS320F2812 系列指令的用法。

二、实验设备

计算机, CCS 2.0 版软件, DSP 仿真器, EXP3 实验箱。

三、实验步骤与内容

(1) 系统连接。进行 DSP 实验之前, 先必须连接好仿真器、实验箱及计算机, 连接方法如下所示:

(2) 上电复位。在硬件安装完成后, 确认安装正确、各实验部件及电源连接正常后, 接通仿真器电源或启动计算机, 此时, 仿真盒上的"红色指示灯"应点亮; 否则, DSP 开发系统与计算机连接有问题。

(3) 运行 CCS 程序。待计算机启动成功后, 实验箱 220V 电源置"ON", 实验箱上电, 启动 CCS, 此时仿真器上的"绿色指示灯"应点亮, 并且 CCS 正常启动, 表明系统连接正常; 否则仿真器的连接、JTAG 接口或 CCS 相关设置存在问题, 掉电, 检查仿真器的连接、JTAG 接口连接, 或检查 CCS 相关设置是否正确。

注: 如在此出现问题, 可能是系统没有正常复位或连接错误, 应重新检查系统硬件并复位; 也可能是软件安装或设置有问题, 应尝试调整软件系统设置, 具体仿真器和仿真软件 CCS 的应用方法参见第 3 章。

●成功运行 CCS 程序后，首先应熟悉 CCS 的用户界面。

●学会 CCS 环境下程序编写、调试、编译、装载，学习如何使用观察窗口等。

（4）修改样例程序，尝试 DSP 其他的指令。

注：实验系统连接及 CCS 相关设置是以后所有实验的基础，在以下实验中这部分内容将不再复述。

（5）填写实验报告。

（6）样例程序实验操作说明。

启动 CCS 2.0，并加载 ".. \ DSP281x_ examples \ exp3_ 01_ xf \ De-bug \ Example_ 281x_ xf. out"。

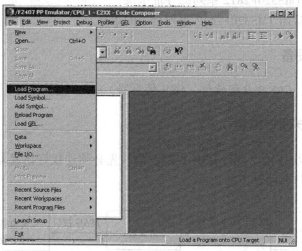

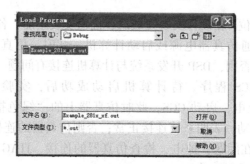

加载完毕，单击 "Run" 运行程序。

实验结果：可见 "CPLD 单元" 的指示灯 D3 以一定频率闪烁；单击

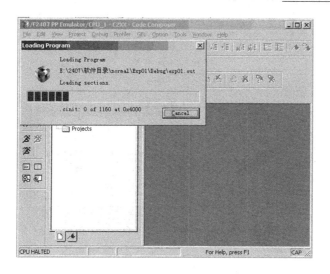

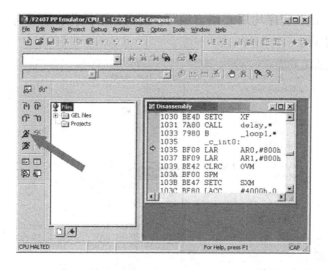

"Halt"暂停程序运行，则指示灯 D3 停止闪烁，如再单击"Run"，则指示灯 D3 又开始闪烁。

（1）在 for（;;）后的 {} 中编写主程序，实现刚才小灯闪烁的效果。说明：D3 对就的引脚名字为 xf，即通过用汇编语言对 xf 进行赋值即可实现 D3 的亮与灭。

（2）修改相应实验程序，使得 D3 的闪烁频率变慢些。

源程序查看：用下拉菜单中 Project/Open，打开"Example_ 281x_ xf. pjt"，双击"Source"，查看源程序。

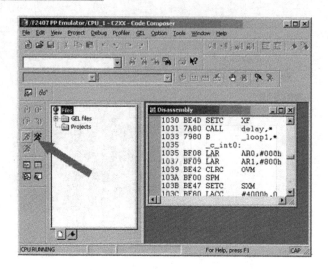

注意：试验程序均用 C 语言编写，可以如下操作，查看与 C 语言相对应的汇编语言。

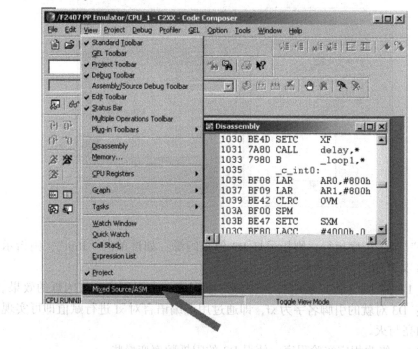

实验二　I/O 实验

一、实验目的

①了解 I/O 口的扩展；掌握 I/O 口的操作方法；
②熟悉 PORT 指令的用法；
③了解数字量与模拟量的区别和联系。

二、实验设备

计算机，CCS 2.0 版软件，DSP 仿真器，EXP3 实验箱。

三、实验步骤与内容

①运行 CCS 软件，装载示范程序，分别调整"数字输入输出单元"的开关 K1~K8，观察 LED1~LED8 亮灭的变化，以及输入和输出状态是否一致。

②样例程序实验操作说明。

启动 CCS 2.0，并加载".. \ DSP281x_ examples \ exp3_ 03_ switch \ Debug \ Example_ 281x_ switch. out"；

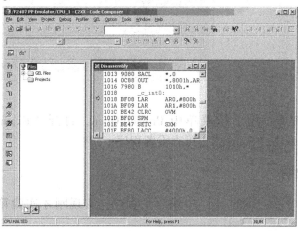

单击"Run"运行程序；

任意调整 K1~K8 开关，可以观察到对应的 LED1~LED8，灯"亮"或"灭"；单击"Halt"，暂停持续运行，开关将对灯失去控制；

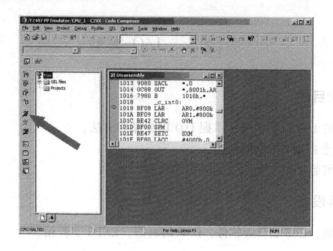

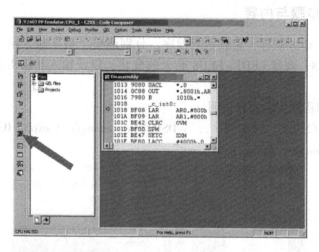

源程序查看：用下拉菜单中 Project/Open，打开"Example_ 281x_ switch. pjt"，双击"Source"，可查看源程序。

四、实验说明

①在 for（;;）后的 {} 中编写主程序，实现刚才实验箱上的实验现象。

相关引脚：实验中采用简单的——映射关系来对 I/O 口进行验证，目的是使实验者能够对 I/O 有一目了然的认识。在本实验中，提供的 I/O 空间分配如下：

CPU 的 I/O 空间：

0x88000（低 8 位）：平推开关　input

0x88001（低 8 位）：LED　output

②修改程序，使得在按下 K1～K8 中任意一个按键后，实现自动从所按下键对应的小灯开始向左或向右循环闪烁。

实验三　时器实验

一、实验目的

①熟悉 TMS320F2812 的定时器；
②掌握 TMS320F2812 定时器的控制方法；
③学会使用定时器中断方式控制程序流程。

二、实验设备

计算机，CCS 2.0 版软件，DSP 硬件仿真器，EXP3 实验箱。

三、实验步骤和内容

①运行 CCS 软件，调入样例程序，装载并运行。
②定时器试验通过数字量输入输出单元的 LED1~LED8 来显示。
③例程序实验操作说明：

启动 CCS 2.0，并加载 ".. \ exp3 _ 04 _ timer \ timer \ Debug \ timer. out"；

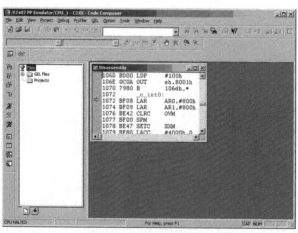

单击 "Run" 运行，可观察到灯 LED1~LED8 的奇数和偶数灯以大约 1 s 的时间间隔轮流点亮、熄灭。

单击 "Halt"，暂停程序运行，LED 灯停止闪烁；单击 "Run"，运行程序，LED 灯又开始闪烁。

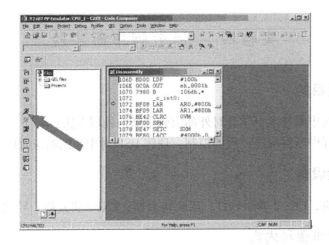

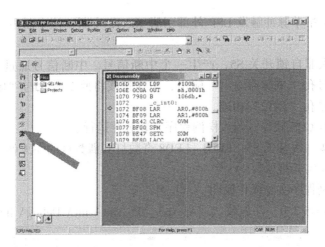

关闭所有窗口，本实验完毕。

源程序查看：用下拉菜单中 Project/Open，打开"timer.pjt"，双击"Source"，可查看各源程序。

四、实验说明

LF2812 的通用定时器功能强大，除了做通用定时使用，还可以配合事件管理器模块产生 PWM 波。可以被特定的状态位实现停止、重新启动、重设置或禁止，可以使用该定时器产生周期性的 CPU 中断。

在本系统中，时钟频率为 10MHz，设置相应寄存器，使得到每 1/1 000 s 中断一次，通过累计 1 000 次中断，就能产生 1 s 的定时。

实验四　　部引脚中断实验

一、实验目的

①掌握中断技术，学会对外部引脚中断的处理方法；
②掌握中断对程序流程的控制，理解 DSP 对中断的响应时序。

二、实验设备

计算机，CCS 2.0 版软件，DSP 仿真器，EXP3 实验箱，导线。

三、实验步骤和内容

①低电平单脉冲触发 DSP 外部引脚 XINT2 中断；该中断由"单脉冲单元"产生。

按一次非自锁开关 S5，产生一个中断信号。中断信号通过"CPLD 单元"的 2 号孔"单脉冲输出"输出，用连接线将此 2 号孔与"电机控制接口"的 2 号孔"INT2"相连。

②运行 CCS 软件，调入样例程序，装载并运行。

③每按一次开关 S5，LED1~LED8 奇数灯和偶数灯的亮灭就变化一次。

④填写实验报告。

⑤样例程序实验操作说明：

启动 CCS 2.0，并加载 "..\ exp3_ 05_ int \ int \ Debug \ int. out"；

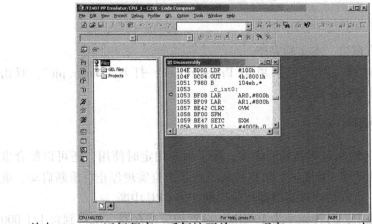

单击"Run"运行程序，反复按开关 S5，观察 LED1~LED8 灯亮灭变化；

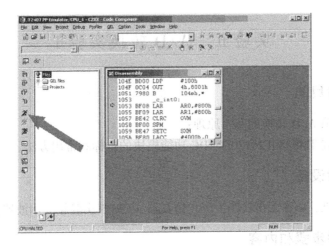

单击"Halt"暂停程序运行，反复按开关 S5，LED1～LED8 灯亮灭不变化；

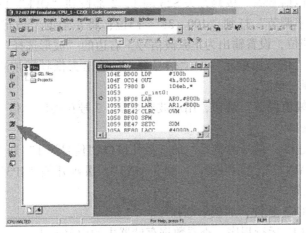

关闭所有窗口，本实验完毕。

源程序查看：用下拉菜单中 Project/Open，打开"int. pjt"，双击"Source"，可查看各源程序。

改动源程序并配置相应的控制寄存器值，用 INT1 口实现上述的实验现象。

四、实验说明

DSP 的 INT2 中断设为上升沿触发。

实验五 A/D 转换实验 1

一、实验目的

①熟悉 A/D 转换的基本原理；

②掌握 TMS320F2812 的 ADC 功能模块的指标和常用方法。

二、实验设备

计算机，CCS 2.0 软件，DSP 仿真器，EXP3 实验箱，示波器，导线。

三、实验步骤和内容

①信号源设置。

将"模拟信号源"拨码开关 S23 的 1，2 都拨到"OFF"位置，左边和右边的"频率调节"打到"100~2K"档位；将左边的"波形选择"打到"正弦波"档位，设置输出为正弦波信号，右边的"波形选择"打到"三角波"档位则"信号源单元"中"信号源 1"输出为低频正弦波。"信号源 2"输出低频三角波。

调节"幅值调节"旋钮，用示波器观察，2 号孔接口"信号源 1"输出波形幅值为±1V。

用导线连接"信号源单元"的 2 号孔接口"信号源 1"到"A/D 单元"的 2 号孔"AIN2"；"信号源 2"到"AIN3"，拨码开关"JP3"的 4，5 拨到"ON"位置。

②运行 CCS 软件，加载示范程序。

③按下 F12 运行程序，查看数据存储器中的内容变化。

④调节输入信号的频率或幅值，做同样的采样实验。

⑤观察采样结果。

⑥填写实验报告。

⑦样例程序实验操作说明：

启动 CCS 2.0，并打开"adcpu. pjt"工程文件；

双击"adcpu. pjt"及"Source"，可查看各源程序；加载"adcpu. out"文件；

如下图，在箭头所指"adcpu. c"中"i=0"处双击鼠标左键，设置断点；

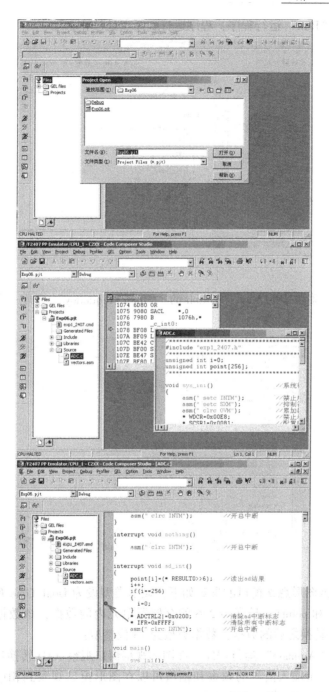

单击"Run"运行程序，程序运行到断点处停止；

用下拉菜单中的 View ／ Graph 的"Time/Frequency"打开一个图形观察窗口；

设置该图形观察窗口的参数如下，显示类型设为 Dual Time 观察起始地址为 point 和 point1，长度为 256 的存储器单元内的数据，该数据为输入信号经 A/D 转换之后的数据，数据类型为 16 位整型；

单击"Animate"运行程序，在图形观察窗口观察 A/D 转换后的数据波形变化，调节输入信号的频率和幅值可以在图形窗口观察到相应的波形变化。单击"Halt"暂停程序运行。

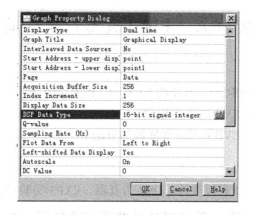

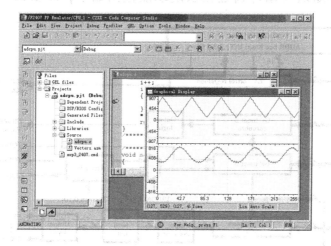

四、实验说明

TMS320F2812 DSP 自带 16 路 10 位单极性 ADC 转换器，并且自带采样保持器。完成一次 AD 转换最快的时间是 375ns。

本实验是用 DSP 自带的 ADC 转换器采集信号源的信号，并将采集到的信号储存到指定的内存区域。由于 ADC 是单极性的，因此从信号源过来的双极性信号经过偏置电路转换成单极性信号，然后由 ADC 采样。

实验六 PWM 波形产生实验

一、实验目的

①了解 TMS320F2812 芯片的 EVA，EVB 的功能；
②理解 EVA，EVB 的工作原理；
③掌握 EVA，EVB 产生 PWM 波的方法。

二、实验设备

计算机，CCS 2.0 版软件，DSP 仿真器，EXP3 实验箱，示波器。

三、基础知识（事件管理模块的功能框图如下，以 EVB 为例)

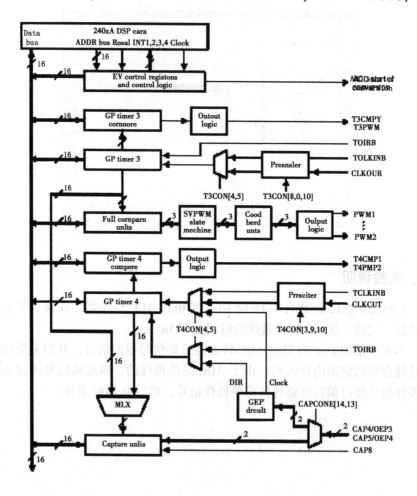

　　TI 公司 C2000 系列的 DSP 器件都包括两个事件管理模块 EVA 和 EVB，每个事件管理器模块包括通用定时器（GP）、比较单元、捕获单元以及正交编码脉冲电路。EVA 和 EVB 的定时器，比较单元以及捕获单元的功能都相同，只是定时器和单元的名称不同。

　　对于 TMS320F2812 DSP 每个事件管理模块可同时产生多达 8 路的 PWM 波形输出。由 3 个带可编程死区控制的比较单元产生独立的 3 对，以及由 GP 定时器比较产生的 2 个独立的 PWM 输出。

　　PWM 的特性如下：

● 16 位寄存器；

● 有从 0 到 16μs 的可编程死区发生器控制 PWM 输出；

● 最小死区宽度为 1 个 CPU 时钟周期；

● 对 PWM 频率的变动可根据需要改变 PWM 的载波频率；

● 在每个 PWM 周期内以及之后可根据需要改变 PWM 脉冲的宽度；

● 外部可屏蔽的功率驱动保护中断；

● 脉冲形式发生器电路，用于可编程的对称、非对称以及 4 个空间矢量 PWM 波形产生；

● 自动重新装载的比较和周期寄存器使 CPU 负担最小。

四、实验步骤

　　①启动 CCS 2.0，用 Project/Open 打开 EXP31 文件夹中的 "pwm. pjt" 工程文件；双击 "wpm. pjt" 及 "Source" 可查看各源程序，并加载 "pwm. out"。

　　②单击 "Run" 运行程序，然后用示波器观察 2812CPU 板上 PWM1~6 的输出波形。

　　观察到 pwm5，6 输出占空比为 5/6 的矩形波，其中 pwm6 高电平有效，pwm5 低电平有效；pwm3，4 输出占空比为 1/2 的矩形波，其中 pwm4 高电平有效，pwm3 低电平有效；pwm1，2 输出占空比为 1/6 的矩形波，其中 pwm2 高电平有效，pwm1 低电平有效。

　　③修改 cmpr1，cmpr2，cmpr3 的值可改变相应输出的占空比。改变 t1per 的值为 0x0500，cmpr1 = 0x0100，cmpr2 = 0x0300，cmpr3 = 0x0500，重新编译后加载，运行可以观察到 pwm 波频率提高，占空比不变。

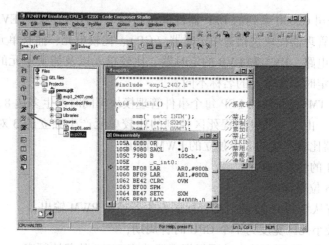

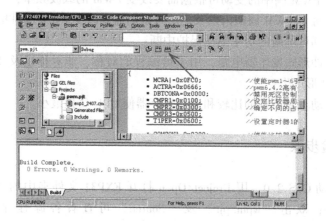

五．关闭

关闭"pwm. pjt"工程文件；关闭所有窗口，本实验完毕。

II　芯片使用说明参考资料

[1] C281x C/C++ Header Files and Peripheral Examples. Texas Instruments, 2003.

[2] C280x, C2801x C/C++ Header Files and Peripheral Examples. Texas Instruments, 2005.

[3] C2804x C/C++ Header Files and Peripheral Examples. Texas Instruments, Nov. 2005.

[4] TMS320X28xx, 28xxx Serial Communications Interface (SCI) Reference Guide. Texas Instruments, 05 Nov. 2004.

[5] TMS320X28xx, 28xxx Enhanced Controller Area Network (eCAN) Reference Guide. Texas Instruments, Nov. 2005.

[6] TMS320X280x DSP Boot ROM Reference Guide. Texas Instruments, 30 Nov. 2004.

[7] TMS320X280x Event Manager (EV) Reference Guide (Rev. C). Texas Instruments, 08 Nov. 2004.

[8] TMS320X280x Enhanced Capture (ECAP) Module Reference Guide. Texas Instruments, 05 Nov. 2004.

[9] TMS320X280x Analog to Digital Converter (ADC) Module Reference Guide. Texas Instruments, 05 Nov. 2004.

[10] TMS320X280x Enhanced PWM Module. Texas Instruments, 05 Nov. 2004.

[11] TMS320X280x Enhanced Quadrature Encoder Pulse (QEP) Module Reference Guide. Texas Instruments, 05 Nov. 2004.

[12] TMS320X280x Inter-Integrated Circuit Reference Guide. Texas Instruments, 05 Nov. 2004.

[13] TMS320X280x System Control and Interrupts Reference Guide. Texas Instruments, 05 Nov. 2004.

[14] TMS320X281x Analog-to-Digital Converter (ADC) Reference Guide (Rev. C). Texas Instruments, 05 Nov. 2004.

[15] TMS320X281x Multichannel Buffered Serial Port (McBSP) Reference Guide. Texas Instruments, 05 Nov. 2004.

[16] TMS320X281x System Control and Interrupts Reference Guide (Rev. B). Texas Instruments, 05 Nov. 2004.

[17] TMS320X280x, 280x Enhanced Controller Area Network (eCAN) Reference Guide (Rev. B). Texas Instruments, 05 Nov. 2004.

[18] TMS320X281x, 280x Peripherals Reference Guide (Rev. B). Texas Instruments, 05 Nov. 2004.

[19] TMS320X281x, 280x Enhanced Controller Area Network (eCAN) Reference Guide (Rev. B). Texas Instruments, 05 Nov. 2004.

[20] TMS320C28x DSP CPU and Instruction Set Reference Guide (Rev. D). Texas Instruments, 31 Nov. 2004.

[21] TMS320C28x DSP/BIOS Application Programming Interface (API) Reference Guide (Rev. A). Texas Instruments, 31 Dec. 2003.

[22] TMS320C28x Instruction Set Simulator Technical Overview (Rev. A). Texas Instruments, 30 Nov. 2002.

[23] DSP/BIOS Device Driver Developer's Guide. Texas Instruments, 30 Sep. 2002.

[24] Software Development Systems Customer Support Guide (Rev. D). Texas Instruments, 21 Dec. 2001.

[25] TMS320C28x Assembly Language Tools User's Guide. Texas Instruments, 27 Aug. 2001.

[26] TMS320C28x Optimizing C/C++ Compiler User's Guide. Texas Instruments, 27 Aug. 2001.

[27] DSP Glossary (Rev. A). Texas Instruments, 01 Sep. 1997.

[28] Synchronous Buck Converter Design Using TPS56xx Controllers in SLVP10x EVMs User's Guide. Texas Instrument, 01 Jul. 2000.

[29] TPS5210 Programmable Synchronous-buck Regulator Controller Data Sheet. Texas Instrument, 01 Nov. 1997.

[30] TMS320 F/C240 DSP Controllers Perpheral Library and Specific Devices Ref. Guide (Rev. D). Texas Instruments, 08 Nov 2002.

[31] TMS320F/C24x DSP Controllers CPU & Instr. Set RG-Manual Update Sheet (SPRU160C) (Rev. A). Texas Instruments, 01 Jul. 2002.

[32] TMS320LF/LC240Xa DSP Controllers System and Peripherals Reference Guide (Rev. B). Texas Instruments, 30 Sep. 2001.

[33] Software Development Systems Customer Support Guide (Rev. D). Texas

Instruments, 21 Dec. 2001.

[34] TMS320C2xx/TMS320C24x Code Composer User's Guide. Texas Instruments, 30 Nov. 2000.

[35] F243/F241/C242 DSP Controllers System and Peripherals Ref. Guide (Rev. C). Texas Instruments, 30 Oct. 1999.

[36] TMS320C2x/C2xx/C5x Optimizing C Compiler User's Guide (Rev. E). Texas Instruments, 02 Aug. 1999.

[37] TMS320F240 DSP Controllers Evaluation Module Technical Reference (Rev. B). Texas Instruments, 31 Jul. 1999.

[38] TMS320F/C24x DSP Controllers CPU and Instruction Set Reference Guide (Rev. C). Texas Instruments, 31 Mar. 1999.

[39] TMS320F20x/F24x DSP Embedded Flash Memory Technical Reference. Texas Instruments, 01 Sep. 1998.

[40] TMS320X281x Boot ROM Reference Guide (Rev. B). Texas Instruments, 05 Nov. 2004.

[41] TMS320X281x External Interface (XINTF) Reference Guide (Rev. C). Texas Instruments, 05 Nov. 2004.

[42] TMS320F2810, TMS320F2811, TMS320F2812 ADC Calibration (Rev. A). Texas Instruments, 10 Nov. 2004.

[43] Reliability Data for TMS320LF24x and TMS320F281x Devices. Texas Instruments, 10 Nov. 2003.

[44] Controlling the ADS8342 with TMS320 Series DSP's. Texas Instruments, 22 Sep. 2003.

[45] Interfacing the ADS8361 to the TMS320F2812 DSP. Texas Instruments, 10 Feb. 2003.

[46] Interfacing the ADS8364 to the TMS320F2812 DSP. Texas Instruments, 11 Dec. 2002.

[47] Programming C2000 Flash DSPs using the SoftBaugh SUP2000 and GUP2000 in SCI Mode. Texas Instruments, 18 Nov. 2004.

[48] Field Origentated Control of Three phase AC-motors. Texas Instruments, Dec. 1997.

[49] DSP solution for Permanernt Magent Synchronous Motor. Texas Instruments, 1996.

[50] Clarke & Park Transforms on the TMS320C2xx. Texas Instruments, Nov.

1996.

[51] 3-phase Current Measurements using a Single Line Resistor on the TMS320F240 DSP. Texas Instruments, May. 1998.

参考文献

［1］ T J E Miller. Brushless Permanent-Magnet and Reluctance Motor Drives ［M］. London：Oxford Science Publications，1989.

［2］ 苏奎峰，吕强. TMS320F2812 原理与开发 ［M］. 北京：电子工业出版社，2005.

［3］ 张雄伟. DSP 芯片的原理与开发应用 ［M］. 北京：电子工业出版社，1997.

［4］ 史久根，张培仁. CAN 现场总线系统设计技术 ［M］. 北京：国防工业出版社，2004.

参考文献

[1] T J E Miller. Brushless Permanent-Magnet and Reluctance Motor Drives [M]. London: Oxford Science Publications, 1989.

[2] 苏奎峰, 吕强. TMS320F2812 原理与开发 [M]. 北京: 电子工业出版社, 2005.

[3] 张雄伟. DSP 芯片的原理与开发应用 [M]. 北京: 电子工业出版社, 1997.

[4] 史久根. CAN 现场总线系统的设计与应用 [M]. 北京: 国防工业出版社, 2004.